Rehab Ashraf Mohamed
Fatma Farag Abdel Hamid
Dawoud Fakhry Habib

Estudo dos factores de risco da dieta ocidental para os rins

Rehab Ashraf Mohamed
Fatma Farag Abdel Hamid
Dawoud Fakhry Habib

Estudo dos factores de risco da dieta ocidental para os rins

ScienciaScripts

Imprint

Any brand names and product names mentioned in this book are subject to trademark, brand or patent protection and are trademarks or registered trademarks of their respective holders. The use of brand names, product names, common names, trade names, product descriptions etc. even without a particular marking in this work is in no way to be construed to mean that such names may be regarded as unrestricted in respect of trademark and brand protection legislation and could thus be used by anyone.

Cover image: www.ingimage.com

This book is a translation from the original published under ISBN 978-620-2-07518-3.

Publisher:
Sciencia Scripts
is a trademark of
Dodo Books Indian Ocean Ltd. and OmniScriptum S.R.L publishing group

120 High Road, East Finchley, London, N2 9ED, United Kingdom
Str. Armeneasca 28/1, office 1, Chisinau MD-2012, Republic of Moldova, Europe
Printed at: see last page
ISBN: 978-620-7-90594-2

Índice

Lista de abreviaturas

ACC1	Acetyl-CoA carboxylase
ACEIs	Angiotensin I converting enzyme inhibitors
ASC	Apoptosis-associated Speck-like protein containing a caspase-recruitment domain
AMP	Adenosine monophosphate
AMPK	AMP-activated protein kinase
Ang II	AngiotensinII
ATMs	Adipose tissue macrophages
ATP	Adenosine-5-triphosphate
CAT	Catalase
CARD	Caspase recruitment domain
CHO	Carbohydrates
CKD	Chronic kidney disease
CO	Cholesterol Oxidase
COX-2	Cyclooxygenase-2
CVD	Cardiovascular disease
DM	Diabetes Mellitus
ENOS	Endothelial nitric oxide synthase
ER	Endoplasmatic reticulum
ESRD	End-Stage Renal Disease
FA	Fatty acid
FAS	Fatty acid synthase
FBS	Fasting blood sugar
GDM	Gestational diabetes mellitus
GFR	Glomlular filtration rate
HDL-C	High density lipoprotein cholesterol
HETE	Hydroxy eicosatetraenoic acid
HF	High fat diet
HFF	High fat high fructose diet
HIV	Human Immunodeficiency Virus
HOMA	Homeostasis Model Assessment
IL-1β	Interleukin-1β.
IRS1	IR substrate-1
IAPP	Amyloid-containing amylin—islet amyloid polypeptide
LF	Low fat diet
MAPK	Mitogen activated protein kinase

MCP1	Macro-phage attractant protein-1
MDA	Malonadialdehyde
MUFS	Monounsaturated fatty acids
MmLDL	Minimal modified low-densitylipoprotein
NASH	Non-alcoholic steatohepatitis
NEFAs	Non estrified fatty acids
NLRP3	The nucleotide binding domain and leucine rich repeat protein 3
PUFAs	Polyunsaturated fatty acids
ROS	Reactive oxygen species
SCysC	Serum cystatin C concentrations
Sgk1	Serum glucocorticoid-dependent kinase-1
SOD	Super Oxide Dismutase
SREBP	Sterol regulatory element binding protein
T2DM	Type 2 diabetes mellitus
TAG	Triacylglycerol
TGF- 1	Transforming growth factor-1
TGF-β	Transcription growth factor β
TXNIP	Thioredoxin-interacting protein
TLR-4	Toll-like receptor-4

Capítulo 1. Introdução

O desenvolvimento da agricultura, a domesticação de animais e o progresso tecnológico reduziram significativamente o custo e a disponibilidade da oferta de alimentos, criando uma situação única na história da evolução humana em que a ingestão calórica excedia o gasto energético. Atualmente, a redução da atividade física e o aumento do consumo de alimentos densos em calorias são reconhecidos como os principais factores de risco responsáveis pelo crescimento epidémico da obesidade na sociedade moderna *(Oleg, 2016)*.

Uma sobrecarga crónica de nutrientes provoca várias disfunções metabólicas sistémicas e específicas dos tecidos que aumentam o risco de lesões renais e promovem a doença renal crónica (DRC). Em especial, a combinação de quantidades elevadas de gordura saturada, frutose e sal promove dislipidemia, distúrbios hormonais, stress oxidativo, inflamação, fibrose com comprometimento da função glomerular, hipertensão *(Odermatt, 2011)*, diabetes *mellitus* tipo 2 (Zare *et al., 2012)* e também induz várias complicações crónicas, como retinopatia, nefropatia e neuropatia (*Gomez-Perez et al., 2010)*.

Tipos de dietas

Uma melhor comparação de diferentes padrões alimentares é permitida com uma ingestão calórica semelhante, por exemplo.

(1) **A dieta mediterrânica** (dos habitantes do sul da Itália e da Grécia) é caracterizada por um elevado teor de alimentos vegetais, frutas frescas, peixe e aves, produtos lácteos e azeite como principal fonte de gordura. A carne vermelha, a gordura saturada e os ácidos gordos trans são baixos. O elevado teor de ácidos gordos monoinsaturados (MUFAs), como o ácido oleico, e os efeitos antioxidantes e anti-inflamatórios do azeite podem ser responsáveis, pelo menos em parte, pelo menor risco observado de doença coronária **(Covas, 2007)**. Verificou-se que a adesão a uma dieta mediterrânica exerce efeitos protectores contra a diabetes tipo 2, as doenças cardiovasculares, as doenças de Parkinson e de Alzheimer e um menor risco de cancro **(Sofi etal., 2008)**.

(2) **A dieta de estilo ocidental (DSO)**, designada por dieta carne-doce ou dieta americana padrão, é caracterizada por uma disponibilidade excessiva de alimentos, com consumos elevados de alimentos ricos em gordura, sobremesas e bebidas ricas em açúcar, bem como consumos elevados de carne vermelha, cereais refinados e produtos lácteos ricos em gordura, como se pode ver no **quadro 1**

Quadro 1: Comparação do padrão alimentar de estilo ocidental com outros regimes alimentares

Conteúdo	HF, baixo teor de CHO, alto teor de proteínas (Atkins)	LF, elevado teor de CHO	Gordura moderada, redução equilibrada de nutrientes	Mediterrâneo	Ocidental
Carne vermelha transformada	Elevada ou moderada	baixo	baixo	baixo	elevado
Aves de capoeira, peixe	baixo	moderado	moderado	elevado	Baixa
Queijo	elevado	baixo	baixo	elevado	Elevado
Sobremesas açucaradas	Baixa	baixo	baixo	baixo	elevado
Bebidas açucaradas	Baixa	baixo	baixo	baixo	Elevado
Grãos refinados	Baixa	moderado	Moderado	baixo	elevado
Grãos integrais	baixo	elevado	elevado	elevado	Baixa
Cloreto de sódio	Elevado	moderado	moderado	elevado	elevado
Legumes	baixo	elevado	elevado	elevado	Baixa
Fruta fresca	Baixa	elevado	elevado	elevado	baixo
Azeite	baixo	baixo	baixo	elevado	Baixa
HFprodutos	elevado	baixo	baixo	elevado	elevado
Produto LF	baixo	elevado	elevado	baixo	baixo
% kcal de gordura	55-65	10-20	20-30	30-35	30-40
% kcal CHO	20	65	55-60	40-50	45-55
%kcalproteína	25-30	10-20	15-20	15-20	15-20
Total médio de kcal	1400-1500	1400-1500	1400-1500	2200	2200
Gordura saturada	elevado	baixo	Baixa	baixo	Elevado
Gorduras trans	elevado	baixo	baixo	Baixa	elevado
MUFA	baixo	baixo	baixo	elevado	Baixa
PUFA	baixo	baixo	moderado	baixo	baixo
Colesterol	elevado	baixo	baixo	moderado	Elevado
Fibra alimentar	baixo	elevado	elevado	elevado	baixo

CHO, hidratos de carbono; PUFA, ácidos gordos polinsaturados; MUFA, ácidos gordos monoinsaturados. *(Appel et al.,2005)*

Síndromes metabólicas

A síndrome metabólica é definida como a presença de quaisquer três das cinco características seguintes: obesidade abdominal, hipertrigliceridemia, colesterol baixo de lipoproteínas de alta densidade, resistência à insulina e aumento da pressão arterial. É um importante fator de risco para o desenvolvimento de doenças cardiovasculares *(Lakka et al., 2002)*, diabetes de tipo 2 e doença renal *(Lorenzo et al., 2003)*. Além disso, o consumo de WSD ricos em colesterol, ácidos gordos e frutose está intimamente relacionado com o aumento epidémico da obesidade *(Heidemann et al., 2008)*. A utilização de sacarose (um dissacárido constituído por frutose e glicose) e de xarope de milho rico em frutose (uma mistura de 55% de frutose livre e 45% de glicose livre) tem sido associada à ocorrência de hipertensão e hiperuricemia em adolescentes *(Gao et al., 2007), 2007)*. A ingestão aguda de frutose, mas não de glicose, resultou em elevação da pressão arterial *(Brown et al., 2008)* e do ácido úrico circulante *(Perez-Pozo et al., 2010)*. Além disso, a ingestão prolongada de uma dieta rica em frutose provocou uma redução da sensibilidade à insulina, aumento de peso com obesidade visceral, hipertrigliceridemia e dislipidemia pós-prandial *(Stanhope et al, 2009)*. Embora a frutose tenha sido recomendada a doentes diabéticos por não aumentar os níveis de glicose no sangue *(Bantle, 2006)*, existem fortes indícios de que a frutose, mas não a glicose, acelera o desenvolvimento da síndrome metabólica e a progressão da DRC *(Gersch et al., 2007)*. A ingestão de duas ou mais bebidas com elevado teor de açúcar foi associada a um risco acrescido de filtração glomerular deficiente e proteinúria *(Shoham et al., 2008)*. O consumo elevado de frutose foi ainda associado a um risco acrescido de formação de cálculos renais *(Taylor et al., 2008)*. Considera-se que a hiperuricemia desempenha um papel causal na doença metabólica induzida pela frutose *(Nakagawa et al., 2006)*

Diferença entre o metabolismo da frutose e da glucose

O metabolismo hepático da frutose difere marcadamente do da glucose por várias razões. Em primeiro lugar, a entrada da glicose na via glicolítica está sob o controlo da hexoquinase IV, ou glucocinase. Esta enzima é caracterizada por um elevado K_m para a glucose e, por conseguinte, a taxa de fosforilação da glucose varia com as alterações da concentração de glucose no portal *(Iynedjian., 1993)*. A frutose é transformada em frutose 1-P, o que estimula drasticamente a hidrólise do ATP, com um aumento subsequente da adenosina monofosfato (AMP). Este, por sua vez, leva a um aumento da síntese de ácido úrico ou é transformado em acetil CoA, que é o precursor da lipogénese *(Reiser, 1985)*.

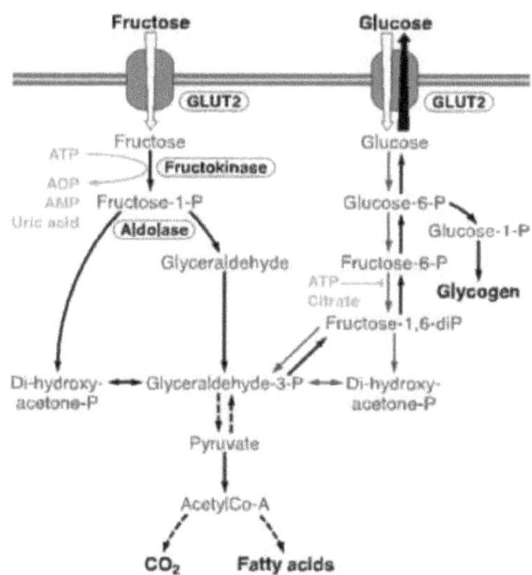

Figura (1) Metabolismo da frutose nas células do fígado *(Mayes, 1993)*.

A complicação de utilizar a DMS como dieta padrão.

Diabetes Mellitus (DM)

A diabetes é uma doença complexa e crónica que requer cuidados médicos contínuos com estratégias multifactoriais de redução dos riscos para além do controlo glicémico, uma vez que afecta todos os sistemas do organismo. Vários processos patogénicos estão envolvidos no desenvolvimento da diabetes. Estes vão desde a destruição autoimune das células β pancreáticas, com a consequente deficiência de insulina, até às anomalias que resultam na resistência à ação da insulina. A base das anomalias no metabolismo dos hidratos de carbono, das gorduras e das proteínas na diabetes é a ação deficiente da insulina nos tecidos-alvo *(American Diabetes Association, 2014)*.

Tipos de Diabetes Mellitus:

Diabetes de tipo 1 (devido à destruição das células β, geralmente conduzindo a uma deficiência absoluta de insulina), diabetes de tipo 2 (devido a um defeito progressivo da secreção de insulina num contexto de resistência à insulina), diabetes mellitus gestacional (GDM) (diabetes diagnosticada no segundo ou terceiro trimestre de gravidez), tipos específicos de diabetes devido a outras causas, por exemplo síndromes de diabetes monogénicas (como a diabetes neonatal e a Diabetes dos Jovens com Início na Maturidade [MODY]), doenças do pâncreas exócrino (como a fibrose quística) e diabetes induzida por medicamentos ou produtos químicos (como no tratamento do VIH/SIDA (Síndrome da Imunodeficiência Adquirida) *(American Diabetes Association, 2017)*.

Associação da DMT2 com a DSA

A DMT2 engloba indivíduos que apresentam resistência à insulina. Embora não se conheçam as etiologias específicas, não ocorre destruição autoimune das células β e os doentes não apresentam nenhuma das outras causas conhecidas de diabetes. A maioria, mas não todos, os doentes com diabetes tipo 2 são obesos. A própria obesidade causa um certo grau de resistência à insulina. Os doentes que não são obesos segundo os critérios tradicionais de peso podem ter uma percentagem elevada de gordura corporal distribuída predominantemente na região abdominal *(American Diabetes Association., 2015)*. No entanto, estes doentes correm um risco acrescido de desenvolver complicações macrovasculares e microvasculares *(American Diabetes Association., 2015)*.

A DRC como risco metabólico de WSD

O rim é um órgão altamente vascularizado e desempenha um papel importante na manutenção da homeostase de todo o corpo, regulando as concentrações de electrólitos e a pressão sanguínea, o metabolismo lipídico, a produção e utilização de glicose sistémica, a degradação de hormonas e a excreção de metabolitos residuais *(Chen et al., 2004)*. A doença renal crónica (DRC) é uma doença em grande parte irreversível, caracterizada por inflamação intersticial dos túbulos, fibrose e glomeruloesclerose e associada a hiperuricemia. É importante retardar ou parar estas características numa fase inicial para evitar o desenvolvimento de (DRC) *(Kambham et al., 2001)*.A obesidade é agora cada vez mais reconhecida como um fator de risco importante e independente para o desenvolvimento de (DRC) *(Wang et al,* Os compostos dietéticos e os metabolitos reactivos de produtos químicos endógenos e exógenos podem modular a vascularização e o metabolismo renais, afectando assim a filtração renal e a homeostase do corpo inteiro. A ingestão cronicamente elevada de uma combinação de quantidades elevadas de açúcares, sal, gordura e proteína da carne vermelha afecta múltiplas funções metabólicas e tem sido associada a uma maior incidência de síndrome metabólica, o que aumenta o risco de desenvolvimento de doença renal crónica (DRC*) de* início recente *(Kurella et al., 2005), 2005)*.Cada vez mais evidências indicam que a síndrome metabólica é especialmente crítica para os dadores de rim devido à capacidade funcional limitada do rim remanescente, enfatizando a necessidade de recomendações de estilo de vida e programas renoprotectores e cardioprotectores para os dadores de rim *(Wahba et al., 2007)*.A obesidade e a redução do néfron podem promover uma diminuição da taxa de filtração glomerular e um aumento da proteinúria *(Reese et al., 2010)*. Os doentes não diabéticos em hemodiálise apresentaram uma diminuição da área de gordura corporal e da massa gorda subcutânea, mas um aumento da gordura visceral e perfis lipídicos séricos alterados, sugerindo que a redução da função renal leva a uma redistribuição da gordura e/ou a uma diferenciação alterada dos adipócitos *(Rowinski et al., 2010).*

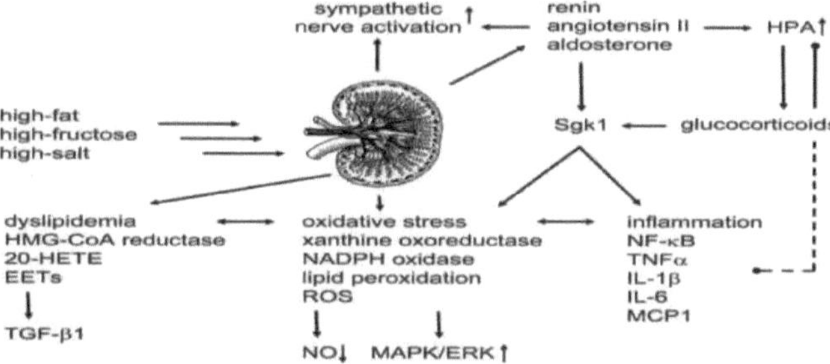

Figura (3): Impacto do WSD em factores relevantes no rim. 20-HETE, ácido 20-hidroxieicosatetraenóico; COX-2, ciclo-oxigenase-2; EETs, ácidos epoxieicosatrienóicos; MCP1, proteína-1 de atração de macrófagos; NO, óxido nítrico; ROS, espécies reactivas de oxigénio; Sgkl, quinase-1 dependente do soro e dos glucocorticóides; TGF-1, fator de crescimento *transformador-1.(Odermatt A . 2011).*

A cistatina C é uma proteína de baixo peso molecular que é sintetizada a uma taxa estável pela maioria das células nucleadas e é livremente filtrada pelos glomérulos *(Uchida et al., 2002).* Por conseguinte, as concentrações séricas de cistatina C (s Cys C) são inversamente proporcionais à TFG. A cistatina C pode refletir melhor a taxa de filtração glomerular (TFG) no hipertiroidismo porque é produzida a uma taxa constante por todas as células nucleadas e, por conseguinte, deve ser menos afetada por alterações na massa muscular corporal *(Ghys et al., 2016).*

A relação entre NLRP3, obesidade e DMT2

O inflamassoma do domínio de ligação aos nucleótidos e da proteína 3 de repetição rica em leucina (NLRP3) é um complexo citoplasmático multiproteico de grandes dimensões (>700 kDa), composto por um membro específico da subfamília da proteína recetora do tipo NOD (NLRP), (ASC) é a proteína adaptadora denominada proteína do tipo speck associada à apoptose que contém o domínio de recrutamento da caspase (CARD) e a procaspase-1, que se exprime preferencialmente nos macrófagos do tecido adiposo (ATM), a ASC liga-se ao domínio da pirina e inicia a ativação do NLRP3 *(Stienstra et al., A* síndrome metabólica é caracterizada por um estado de inflamação sistémica crónica de baixo grau *(Gersch et al., 2007).* O recetor imunitário inato Nod-like recetor protein 3 é uma proteína citosólica importante na indução da inflamação *(Konner et al., 2012)* através da ativação da caspase-1 e da maturação da citocina pró-inflamatória interleucina-1β (IL-1β). Nos seres humanos, a IL-18 e a caspase-1 são expressas no epitélio tubular renal e os doentes com doença renal crónica ou síndrome nefrótica apresentam níveis elevados de IL-18 *(Gauer et al., 2007). Em* biópsias renais de doentes com doença renal não diabética, os níveis de ARNm que codifica o NLRP3 estão correlacionados com a função renal *(Vilaysane et al., 2010),* uma vez que o

NLRP3 contribui para a patogénese da doença renal crónica. Este facto é apoiado por dados experimentais que mostram que as citocinas reguladas pelo inflamassoma, como a IL-1β e a IL-18, estão implicadas em modelos animais de doença renal crónica, incluindo glomerulonefrite e lesão isquémica renal *(Anders e Muruve, 2011)*. A administração crónica de xarope de milho rico em frutose, o principal adoçante em alimentos e refrigerantes, leva a um aumento da resistência à insulina devido a uma sinalização deficiente da insulina *(Collino et al, 2013)*, o que leva à regulação positiva da expressão renal de NLRP3, resultando na ativação da caspase-1 e na subsequente clivagem da pró-IL1β para a forma secretada biologicamente ativa IL-1β e Níveis aumentados de ácido úrico activam diretamente o inflamassoma NLRP3 *(Jin e Flavell., 2010)*.

A associação entre o inflamassoma NLRP3 e a resistência à insulina e a obesidade foi explicada por estudos realizados em animais que demonstraram que a ablação genética do NLRP3 melhorava a sensibilidade à insulina e a homeostase da glicose *(Stienstra et al., 2010)*, a produção de (IL-1β) no tecido adiposo isolado de ratinhos com nocaute do NLRP3 foi reduzida em comparação com o tecido adiposo branco de animais de tipo selvagem. A ablação do NLRP3 em ratos também foi relatada como protetora da ativação de macrófagos associada à obesidade no tecido adiposo, reduzindo a expressão de genes de macrófagos do tipo M1 (fator de necrose tumoral-α, ligante de quimiocina 20 e ligante de quimiocina 11) e aumentando a expressão de citocinas do tipo M2 (interleucina-10).Este efeito foi associado a um aumento do número de macrófagos M2 em ratinhos obesos deficientes em NLRP3, sem afetar a frequência de macrófagos M1 *(Vandanmagsar et al., 2011)*.Sabe-se que as citocinas inflamatórias contribuem para o desenvolvimento da resistência à insulina através da ativação de diferentes cinases que perturbam a sinalização da insulina. O retículo endoplasmático (RE) é uma extensa rede membranar que demonstrou estar envolvida na transdução dos efeitos das citocinas para a ativação de diferentes cinases. Os primeiros passos da biossíntese da insulina ocorrem no RE das células β pancreáticas, sugerindo assim o papel fundamental da atividade de carga e dobragem do RE na biossíntese da insulina *(Harding e Ron., 2002)*. Um dos principais papéis do RE é assegurar a síntese e a dobragem das proteínas membranares e secretadas, e qualquer perturbação desta função (por exemplo, síntese excessiva de proteínas ou acumulação de proteínas desdobradas ou mal dobradas no lúmen do RE) conduz a uma resposta de "stress do RE", também conhecida como resposta às proteínas desdobradas (UPR). Alguns autores demonstraram que o stress do RE pode atuar diretamente como um modulador negativo da biossíntese da insulina e das vias de sinalização da insulina, mas também indiretamente, promovendo a acumulação de lípidos *(Cnop, 2012)*. O stress do ER também desempenha um papel na desregulação da secreção de adipocinas pelo tecido adiposo, frequentemente observada na obesidade e na resistência à insulina *(Flamment et al., 2012)*, Curiosamente, foi demonstrado que o stress do ER ativa o inflamassoma do NLRP3, resultando na libertação subsequente de IL-1β pelos macrófagos, com um mecanismo de ativação semelhante ao de outros activadores conhecidos do NLRP3, exigindo a geração de ROS *(Menu et al.,2012)*.O papel do stress do ER na promoção da ativação do inflamassoma do NLRP3 é consistente com a localização subcelular do NLRP3. Nas células em repouso, o NLRP3 está associado às membranas do ER e, após a ativação, o NLRP3 é redistribuído para o espaço perinuclear, onde se co-localiza com o retículo endoplasmático e os grupos de organelos da mitocôndria *(Zhou et al., 2011)*.

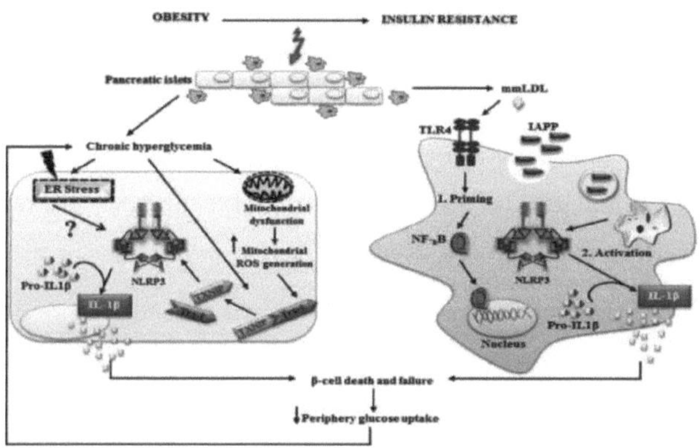

Figura (4): O inflamassoma é um ator central na indução da morte das células β e na progressão da DMT2. stress do retículo endoplasmático e acumulação de mitocôndrias disfuncionais que conduzem à acumulação intracelular de ROS. A geração de ROS leva à ativação do NLRP3, mas a(s) via(s) de ativação do ER continua(m) mal conhecida(s). A IAPP deposita-se no pâncreas e é rapidamente absorvida pelos macrófagos. 1. As mmLDL preparam as células através da sinalização TLR4 e 2. O IAPP ativa especificamente o inflamassoma NLRP3 e a clivagem da pró-IL-1β. A sinalização IL1-β induz um ambiente pró-inflamatório local através da ativação de outros factores quimiotácticos e da infiltração de células imunitárias que agrava a falência das células β. *(Vandanmagsar et al.,2011)*.

A deficiência de NLRP3 protege contra o desenvolvimento da obesidade, da resistência à insulina e da inflamação associada *(Leemans et al., 2011 e Stienstra et al., 2011)*. A deficiência de NLRP3 é capaz de prevenir a inflamação renal *(Vandanmagsar et al., 2011)*. Além disso, provas circunstanciais associam a regulação positiva do inflamassoma NLRP3 à nefropatia associada à síndrome metabólica *(Zhou et al., 2010 e Wang et al., 2012)*.

Stress oxidativo

O stress oxidativo é definido como um desequilíbrio entre a produção de radicais livres e metabolitos reactivos, designados por oxidantes, e a sua eliminação por mecanismos de proteção, designados por sistemas antioxidantes. Este desequilíbrio conduz a danos em biomoléculas e órgãos importantes, com potencial impacto em todo o organismo. O stress oxidativo pode ter um impacto negativo significativo na sobrevivência e longevidade celulares e levar à morte celular programada

(Xin et al., 2015). As gerações de espécies reactivas de oxigénio (ERO) que resultam em stress oxidativo incluem espécies de radicais livres à base de azoto, como o óxido nítrico e o peroxinitrito, bem como radicais livres de superóxido, peróxido de hidrogénio e oxigénio singlete *(Kwon et al.,2015As ERO* podem provocar danos no ADN, lesões nas mitocôndrias e noutros organelos, desdobramento de proteínas e disfunção sináptica neuronal *(Harish et al., 2015).* As vias de proteção servem para atenuar os danos causados pelas ROS e envolvem as vitaminas B, C, D e K *(Yousef et al., 2015),* a coenzima Q10 *(Zhang et al.,2015),* a glutationa peroxidase *(Yousef et al., 2015)e a* superóxido dismutase *(Zhou et al.,* O stress oxidativo pode levar à indução da morte celular programada através da apoptose e da autofagia Q10 *(Zhang et al.,2015).* O stress oxidativo é um fenómeno associado aos mecanismos patogénicos de várias doenças, incluindo a hiperglicemia, que induz o stress oxidativo. A persistência de tal condição produz um esgotamento das células β, levando ao aparecimento de diabetes, aterosclerose e doenças neurodegenerativas, como a doença de Alzheimer e de Parkinson, cancro, doenças inflamatórias, bem como doenças psicológicas ou processos de envelhecimento *(Duracková, 2010).*

Observou-se que a produção de radicais livres e a capacidade antioxidante do organismo são moduladas por factores ambientais, fisiológicos e nutricionais, como o envelhecimento, a alteração do índice de massa corporal e a obesidade, e que os factores de confusão do estilo de vida, como o tabagismo, o consumo de álcool e a dieta hipercalórica, têm um efeito potenciador do stress oxidativo e um efeito supressor dos antioxidantes *(Reddy et al., 2008).* Para além do glutatião, as enzimas antioxidantes, incluindo a superóxido dismutase (SOD), a catalase (CAT) e outros compostos como o malondialdeído (MDA), as enzimas dependentes do glutatião reduzido (GSH), como a glutationa peroxidase (GPX) e a glutationa transferase (GST), podem minimizar ou eliminar a cascata de radicais de oxigénio e reduzir os danos oxidativos citotóxicos nas células *(Kaynar et al., 2005), 2005).O NO* é um fator aparácrino que controla o tónus vascular, inibe a função plaquetária, impede a adesão de leucócitos e reduz a proliferação da íntima. Uma maior inativação e/ou uma síntese reduzida de NO são observadas em conjunto com factores de risco de doença cardiovascular *(Forstermann , 2010).O NO* desempenha um papel importante no processo inflamatório. Os macrófagos podem produzir níveis elevados de NO e de superóxido, que reagem rapidamente entre si para formar peroxinitrito, que oxida o LDL, um processo fundamental na aterosclerose *(Duh et al., 2004).* Desde a descoberta, em 1981, de que o urato é um poderoso antioxidante químico, que está presente no plasma humano em concentrações muito superiores às do ascorbato *(Ames et al., 1981),* é amplamente aceite que os níveis sanguíneos elevados de ácido úrico nos seres humanos têm uma vantagem evolutiva e que o ácido úrico é um antioxidante importante que protege as células cardíacas, vasculares e neurais das lesões oxidativas *(Glantzounis et al., 2005)*.

Por outro lado, a hiperuricemia, mesmo sem deposição de cristais e gota, está fortemente associada a doenças cardiovasculares, doenças renais e hipertensão, aumentando o risco de mortalidade *(Johnson et al., 2003)*. O ácido úrico tem propriedades antioxidantes devido à ativação do ácido úrico como mecanismo de defesa contra o stress oxidativo *(Glantzounis et al., 2005)*.

Capítulo 2. Materiais e métodos

A) MATERIAIS

1- Animais de laboratório:

30 ratos sprague dawley machos, pesando 20-30 g, foram obtidos no biotério do National Research Centre (NRC), Giza, Egipto. Os animais foram alojados em gaiolas metabólicas individuais suspensas de aço inoxidável num ambiente controlado (22-25° C) e 12 horas de luz, 12 horas de escuridão, com comida e água à vontade *(Kurien etal.,2004)*.

2- Preparação da dieta:

a- Dieta pobre em gordura (LF) (dieta de controlo): de acordo com *(Reeves, 1997)*

Tabela (2): Energia LF:

Produto	gm%	Kcal %
Proteína	14.2	14.7
Hidratos de carbono	73.1	75.9
Gordura	4	9.4
Total (kcal/gm)	3.85	100

Tabela (3): Componentes LF

Ingredientes	gm	kcal
Caseína, 30 Mesh	140	560
L-Cistina	1.8	7.2
Amido de milho	495.692	1982.768
Maltodextrina	125	500
Sacarose	100	400
Celulose	50	
Óleo de soja	40	360
t-Butil-hidroquinona	0.008	0
Mistura de minerais	35	0
Mistura de vitaminas	10	40
Total	1000	3850

Tabela (4): Mistura mineral LF:

Ingredientes	gm	Quantidade em 35 gm
Carbonato de cálcio , 40,0% Ca	357	5,0 gm Ca
Fosfato de Potássio, Monobásico, 28,7% K 22,8% P	250	2,0 gm P

Citrato de potássio - 1 H2O , 36,2% K	28	3,6 gm K
Sulfato de potássio , 44,9% K 18,4% S	46.6	0,3 gm S
Óxido de Magnésio, 60,3 Mg	24	0,5 gm Mg
Cloreto de Sódio, 39,3% Na 60,7% Cl	74	1,0 gm Na + 1,6 gm Cl
Carbonato cúprico, 57,5% Cu	0.3	6,0 mg Cu
Iodato de potássio , 59,3% I	0.01	0,2 mg I
Citrato férrico , 21,2% Fe	6.06	45 mg Fe
Carbonato de manganês , 47 8% Mn	0.63	10,5 mg Mn
Selenato de sódio , 41,8% Se	0.01025	0,2 mg Se
Carbonato de zinco, 25,1% Zn	1.65	30 mg Zn
Sulfato de crómio K - 12 H2O , 10,4% Cr	0.275	0,0009625 gm Cr
Molibdato de amónio - 4 H2O, 54,3% Mo	0.00795	0,0001511 gm Mo
Silicato de sódio - 9 H2O , 9,89% Si	1.45	
Cloreto de lítio	0.0174	
Ácido bórico	0.0815	
Fluoreto de sódio 45,2% F	0.0635	
Carbonato de níquel	0.0318	
Vanadato de amónio	0.0066	
Sacarose	209.806	
TOTAL 1000	**1000**	

Tabela (5): Mistura de vitaminas LF

Ingrediente	gm	Quantidade em 10 gm
Vitamina A, Acetato (500.000 IU/gm)	0.8	4000 UI de vitamina A
Vitamina D3 (100.000 lu/gm)	1	1.000 UI de Vit D3
Acetato de vitamina E (500 IU/gm)	15	75 UI Vit E
Filoquinona	0.075	0,75 mg
Biotina, 1,0%	2	0,2 mg Biotina
Cianocobalamina, 0,1%	2.5	25 µgVit B12
Ácido fólico	0.2	2 mg de ácido fólico
Ácido nicotínico	3	30 mg de niacina
Pantotenato de cálcio	1.6	16 mg de ácido pantoténico
Piridoxina-HCl	0.7	7 mg Vit B6
Riboflavina	0.6	6 mg Vit B2
Tiamina HCl	0.6	6 mg Vit B1

| Sacarose | 971.925 | |
| **TOTAL** | **1000** | |

b- Dieta rica em gordura (HF): de acordo com *(Buettner et al., 2007)*

Tabela (6): Energia HF

Produto	gm%	kcal%
Proteína	23	20
Hidratos de carbono	46.1	40
Gordura	20.4	39.9
Total (kcal/gm)	**4.6**	**99.9**

Tabela (7): Componentes HF

Ingredientes	gm	kcal
Caseína, 80 Mesh	200	800
DL-Metionina	3	12
Amido de milho	0	0
Maltodextrina 10	0	0
Sacarose	396	1584
Celulose, BW200	50	0
Óleo de soja	45	405
Óleo de coco, 101	135	1215
Mistura de minerais	35	0
Carbonato de cálcio	5	0
Mistura de vitaminas	10	40
Bitartarato de colina	2	0
Total	**881.1**	**4056**

Tabela (8): Mistura de minerais HF

Ingredientes	Gm	Quantidade em 35 gm
Fosfato de cálcio, dibásico, 29,5% Ca, 22,8% P	500	5,2 gm Ca 4 gm P
Óxido de magnésio 60,3% Mg	24	0,5 gm Mg
Citrato de potássio, 1H2O, 36,2% K	220	3,6 gm K
Sulfato de potássio , 44,9% K, 18,4% S	52	0,33 gm S
Cloreto de Sódio 39,3% Na, 60,7% Cl	74	1 gm Na+ 1,6 gm Cl
Sulfato de crómio e potássio, 12 H2O , 10,4% Cr	0.55	2 mg Cr

Carbonato cúprico , 57,5% Cu	0.3	6 mg Cu
Iodato de potássio, 59,3% I	0.01	0,2 mg I
Citrato férrico , 17,4% Fe	6	37 mg Fe
Carbonato manganoso , 47,8% Mn	3.5	59 mg Mn
Selenito de sódio , 45,7% Se	0.01	0,16 mg de Se
Carbonato de zinco , 52,1% Zn	1.6	29 mg Zn
Sacarose	118.03	
TOTAL	**1000**	

Tabela (9): Mistura de vitaminas HF

Ingrediente	gm	Quantidade em 10 gm
Vitamina A, Acetato (500.000 IU/gm)	0.8	4000 UI de vitamina A
Vitamina D3 (100.000 Iu/gm)	1	1.000 UI de Vit D3
Acetato de vitamina E (500 IU/gm)	15	75 UI Vit E
filoquinona	0.075	0,75 mg
Biotina, 1,0%	2	0,2 mg
Cianocobalamina, 0,1%	2.5	25 µgVit B12
Ácido fólico	0.2	2 mg de ácido fólico
Ácido nicotínico	3	30 mg de niacina
Pantotenato de cálcio	1.6	16 mg
Piridoxina-HCl	0.7	7 mg Vit B6
Riboflavina	0.6	6 mg Vit B2
Tiamina HCl	0.6	6 mg Vit B1
Sacarose	971.925	
TOTAL	**1000**	

C- Dieta rica em gordura e frutose (HFF): de acordo com *(Christopher et al., 2007)*

Quadro (10) Energia HFF

Produto	gm%	kcal%
Proteína	20	17
Hidratos de carbono	50	43
Gordura	21	40
Total (kcal/gm)	**4.68**	**100**

Quadro (11): Componentes do FFH

Ingredientes	gm	Kcal

Caseína, 80 Mesh	195	780
DL-Metionina	3	12
Amido de milho	50	200
Maltodextrina	100	400
frutose	341	136
		4
Celulose	50	0
Gordura láctea anidra *(A gordura láctea anidra contém normalmente cerca de 0,3% de colesterol)	200	180 0
Óleo de milho	10	90
MineralMix (tabela8)	35	0
Carbonato de cálcio	4	0
VitaminMix (tabela9)	10	40
Bitartarato de colina	2	0
Cholesterol, USP, Dieta final contém aproximadamente 0,21% de colesterol	1.5	0
Etoxiquina	0.04	0
Total	**1001.5**	**468**
	4	**6**

(B) MÉTODOS:

1- Desenho experimental:

O peso de uma determinada dieta por dia foi estabelecido de acordo com **Reeves (1997),** neste estudo 30 ratos com um peso de (20-30) g foram divididos nos seguintes grupos:**Grupo1:**Um grupo contém 10 ratos alimentados com 15 g/dia da dieta pobre em gordura (LF) durante dois meses.**Grupo2:**Um grupo contém 10 ratos alimentados com 15 g/dia da dieta rica em gordura (HF) durante dois meses.**Grupo3:**Um grupo contém 10 ratos alimentados com 15 g/dia da dieta rica em gordura e frutose (HFF) durante dois meses. No início da experiência, todos os grupos foram alimentados com uma dieta (LF) durante um período de incubação de 2 semanas para se adaptarem aos novos tipos de dieta.

* O peso corporal foi determinado no momento zero e no ponto final.

2- Recolha de amostras:

a- Amostras de sangue:

Após (10 semanas), os animais foram mantidos em jejum durante 12 horas antes da colheita de sangue. O sangue foi retirado do plexo venoso retro-orbital do olho com um tubo capilar heparinizado, sob anestesia ligeira com éter dietílico, sendo o sangue recolhido em tubos de acordo com o método de *Madway et al., (1969).*

b- Amostras de urina:

A urina foi recolhida antes do final da experiência, durante 24 horas, em tubos assépticos centrifugados durante 20 minutos a 2000 -3000 rpm. O sobrenadante foi recolhido para análise bioquímica *(Kurien et al., 2004).*

3 - Preparação do homogenato de rim:

Os rins foram retirados rapidamente e colocados em solução salina normal gelada, perfundidos com a mesma solução para remover as células sanguíneas e, em seguida, divididos em duas partes, uma das quais colocada numa mistura de formalina e solução salina para exame histopatológico e a outra colocada em papel de filtro e congelada a -80° C.Os tecidos congelados foram cortados em pequenos pedaços e homogeneizados em 5 ml de tampão frio 0,5 g de Na_2HPO_4 e 0,7 g de $NaH_2\,PO_4$ por 500 ml de água desionizada pH= 7,4 e depois centrifugados a 4000 rpm durante 15 minutos a 4° C e o sobrenadante foi retirado para a estimativa dos parâmetros *(Manna et al., 2005).*

4- Análises bioquímicas:

A determinação de cada um dos níveis séricos de colesterol total foi efectuada de acordo com o método de *Rautela e Liedtke, (1978),* o colesterol de lipoproteínas de alta densidade (HDL-C) foi estimado de acordo com *Genest, (2002),* o colesterol de lipoproteínas de baixa densidade (LDL-C) de acordo com o método descrito por *Steinberg, (1981),* o triacilglicerol (TAG) de acordo com *Rifai et al, (1997),* a concentração sérica de ureia de acordo com *Young, (2005),* a creatinina sérica de acordo com *Young, (2007),* o ácido úrico sérico de acordo com *Young, (2007)* e a glucose sérica de acordo com *Caraway et al., (1987).* Todos os testes foram efectuados por método enzimático colorimétrico. Os kits foram fornecidos pela Spectrum Company, Egipto.

Determinação da creatinina na urina: Pode ser utilizado timol ou tolueno para a conservação da urina. Para determinar a concentração de creatinina na urina, uma parte da amostra foi diluída com 49 partes de solução salina isotónica antes do ensaio. O resultado foi multiplicado por 50 para compensar a diluição. O resultado foi multiplicado pelo fator de diluição e pelo volume de urina em ml

O volume de urina foi medido em ml, a concentração urinária de creatinina e de BUN em mmol/l, a concentração sérica de creatinina em μmol/l e a concentração sérica de BUN em mmol/l. Assim, a depuração e a TFG foram calculadas como valores por animal, mas não por peso corporal, de acordo com *(Hostetter e Meyer., 2004)*

A determinação da concentração de microalbumina na urina foi efectuada de acordo com *Mogenson, (1984)* para a deteção de nefropatia. O kit foi fornecido pela Orgentec Diagnostika GmbH, Alemanha.

A determinação do glutatião reduzido nos rins foi efectuada de acordo com o método de *Beutler et al., (1963)*. O kit foi fornecido pela Bio-diagnostic Company, Egipto. A determinação da atividade da paraoxinase tipo 1 (PON1) como aril esterase foi efectuada de acordo com o método de *Higashino et al., (1972)*. O kit foi fornecido pela Biodiagnostic Company, Egipto. A determinação do malondialdeído renal (MDA) foi determinada no homogenato renal por calorimetria, de acordo com *Ruiz-Larrea et al., (1994), e* o kit foi fornecido pela Bio- diagnostic Company, Egipto. A determinação do óxido nítrico (NO) renal como nitrito foi determinada no homogenato de rim utilizando um kit colorimétrico (da Biodiagnostics, Egipto) de acordo com *Montgomery e Dymock, (1961)*

A determinação do nível de insulina no soro foi efectuada utilizando o kit ELISA para a insulina (BioSoure, Bélgica), de acordo com *Yallow e Bauman (1983).*

A resistência à insulina foi calculada a partir da equação:

Resistência à insulina = Glicose em jejum (mg/dl) x insulina em jejum/22,5 (μIU/ml)

Wallace et al., (2004).

A determinação do soro do domínio de ligação a nucleótidos e da proteína epeat rica em leucina 3 (NLRP3) foi efectuada de acordo com o método de *Gai et al.,(2014)*. O kit foi fornecido pela NOVA Company. China.

Método estatístico:

Os dados recolhidos foram codificados, tabulados e analisados estatisticamente utilizando o software estatístico IBM SPSS (Statistical Package for Social Sciences) versão 22.0, IBM Corp., Chicago, EUA, 2013.

Capítulo 3. Resultados

(A)- Resultados bioquímicos

A Figura (4) não mostra diferenças significativas entre os grupos de estudo relativamente ao peso antes do estudo. O peso após o estudo foi o mais elevado no grupo HFF, seguido do grupo HF e o mais baixo no grupo LF, sendo que todas as diferenças entre os grupos foram significativas.

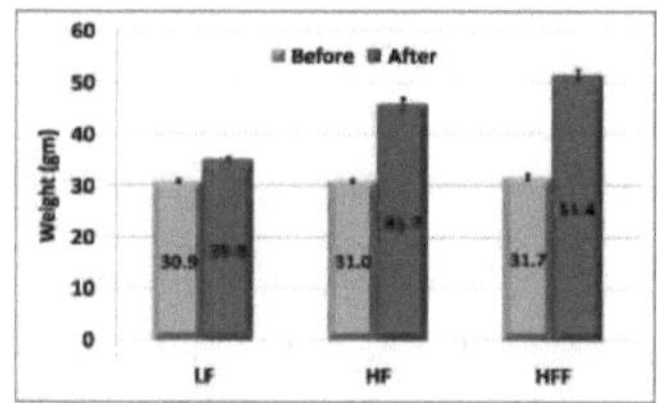

Figura (4): peso dos ratinhos antes e depois do estudo

As figuras (5, 6 e 7) mostram um aumento significativo ($p \leq 0{,}001$) da glicose plasmática, da insulina sérica e do HOMA-IR nos grupos HFF e HF em comparação com o grupo LF. Além disso, a glicose plasmática, a insulina sérica e o HOMA-IR no grupo HFF aumentaram significativamente em comparação com o grupo HF.

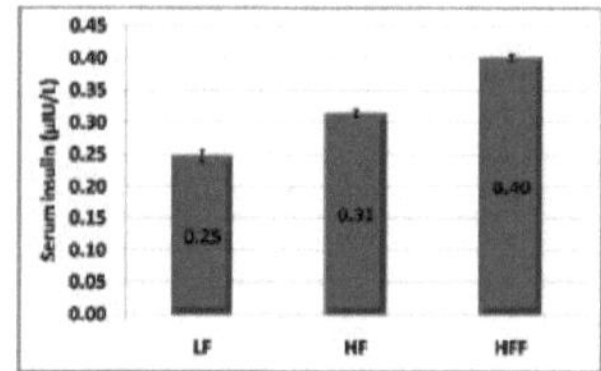

Figure (5): plasma insulin after study

Figure (6): serum glucose after study

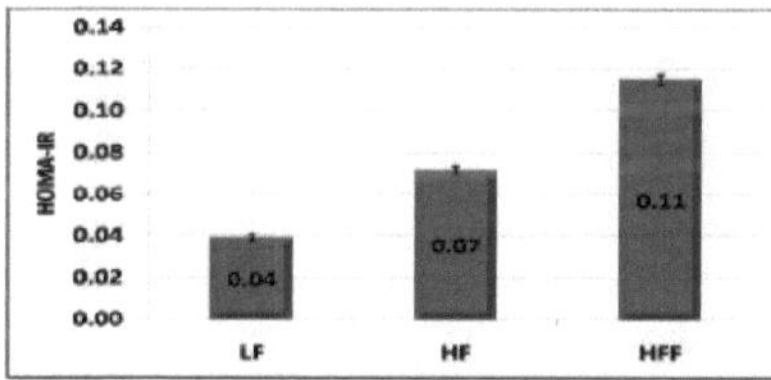

Figura (7): HOMA-IR após o estudo

A figura (8) mostra um aumento significativo ($p \leq 0{,}001$) nos níveis séricos de CT, TAG e LDL-C, enquanto a figura (9) mostra uma diminuição significativa ($p \leq 0{,}001$) nos níveis séricos de HDL-C nos grupos HFF e HF em comparação com o grupo LF. Além disso, os níveis de CT, TAG e LDL-C no grupo HFF aumentaram significativamente, enquanto o nível de HDL-C no grupo HFF diminuiu significativamente em comparação com o grupo HF em comparação com o grupo HF.

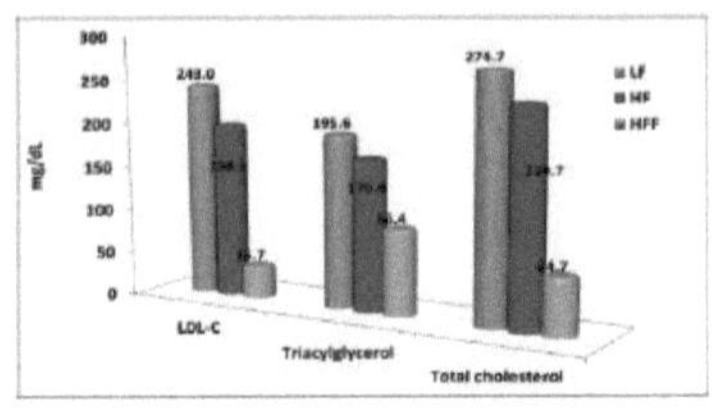

Figure (8): serum total cholesterol, triacylglycerol,

LDL-C after study

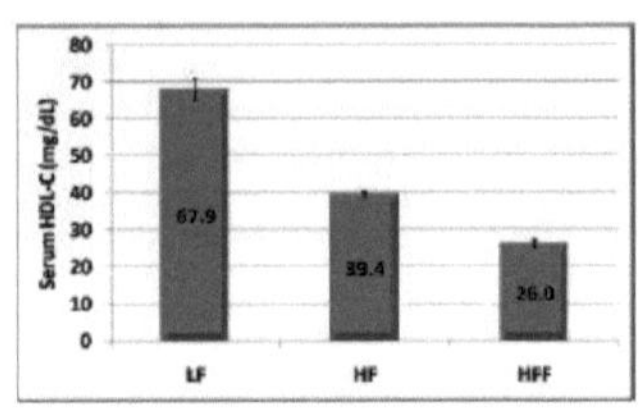

Figure (9): Mean value of serum HDL-C after study

As figuras (10, 11 e 12) mostram um aumento significativo (**p≤ 0,001**) nos níveis séricos de ureia, creatinina e ácido úrico nos grupos HFF e HF em comparação com o grupo LF. Além disso, os níveis séricos de ureia, creatinina e ácido úrico no grupo HFF aumentaram significativamente em comparação com o grupo HF.

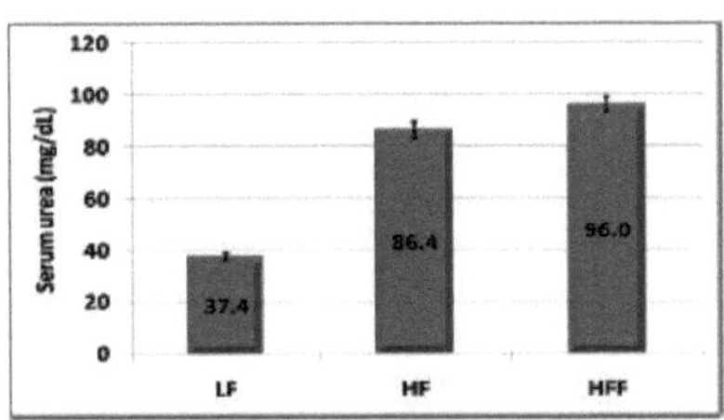

Figure (10): serum urea after study

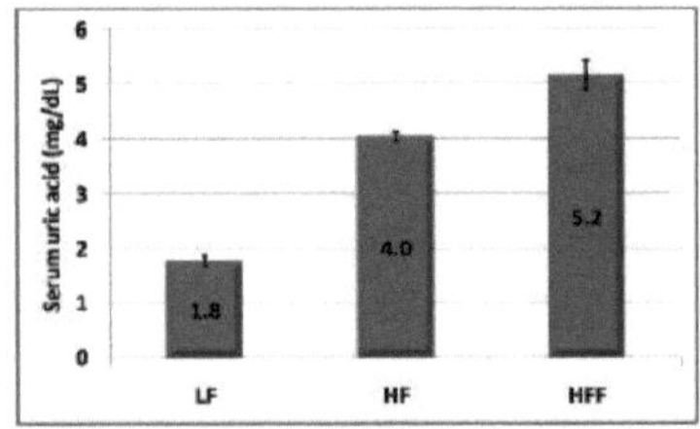

Figure (11): serum uric acid after study

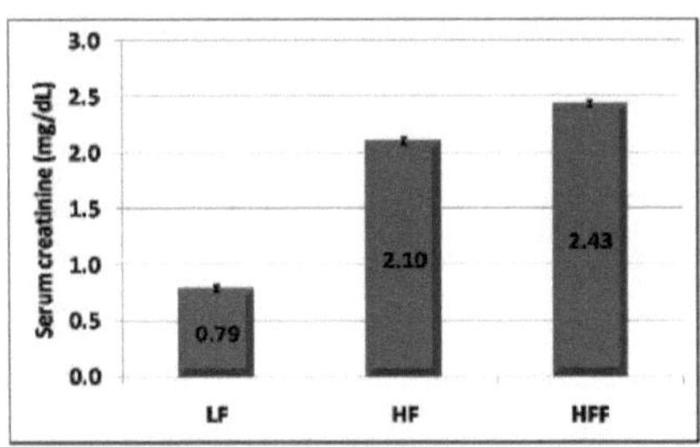

Figura (12): creatinina sérica após o estudo

A figura (13) mostra um aumento significativo (p≤ 0,001) na cistatina-C sérica nos grupos HFF e HF em comparação com o grupo LF. Além disso, o nível de cistatina-C no grupo HFF aumentou significativamente em comparação com o grupo HF.

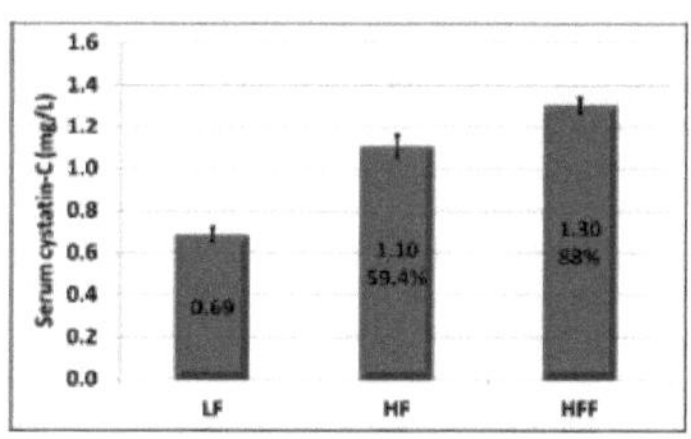

Figura (13): cistatina -C sérica com % de alteração após o estudo

A Figura (14) mostra um aumento significativo (P ≤ 0,001) no NLPR3 sérico após a alimentação dos grupos HFF e HF em comparação com o grupo LF. Além disso, o nível sérico de NLPR3 no grupo HFF aumentou significativamente em comparação com o grupo HF.

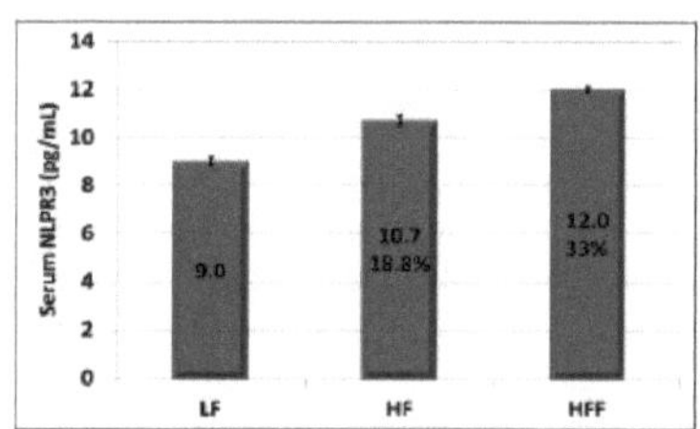

Figura (14): NLPR3 sérico com % de alteração após o estudo

As figuras (15,16) mostram um aumento significativo (p≤ 0,001) da creatinina na urina e da microalbumina na urina nos grupos HFF e HF em comparação com o grupo LF. Além disso, o nível de creatinina e microalbumina na urina no grupo HFF aumentou significativamente em comparação com o grupo HF

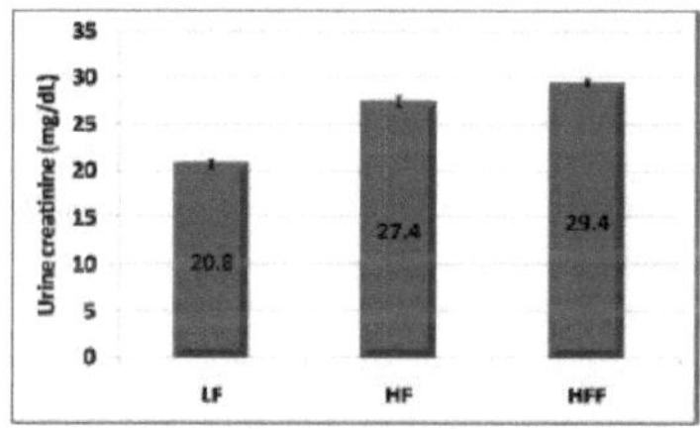

Figure(15): urine creatinine after study

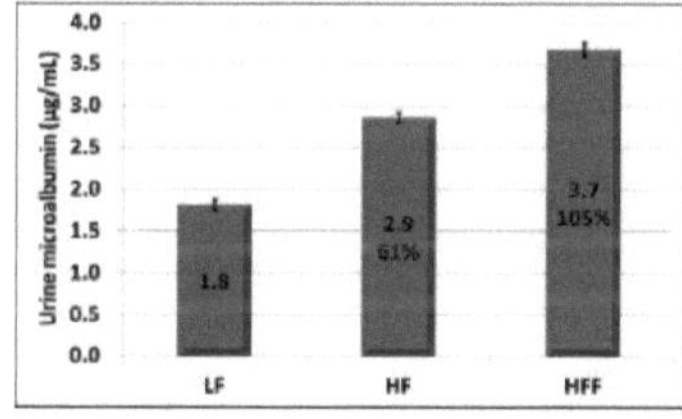

Figure(16): urine microalbumin after study

A figura (17) mostra uma diminuição significativa (P ≤ 0,001) na TFG renal após a alimentação dos grupos HFF e HF em comparação com o grupo LF. Além disso, o nível de TFG renal no grupo HFF diminuiu significativamente em comparação com o grupo HF.

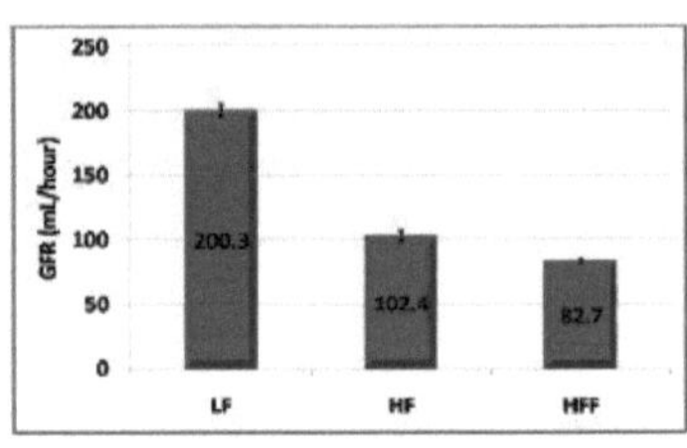

Figura (17): Valor médio da TFG após o estudo

A figura (18) mostra um aumento significativo (p ≤ 0,001) no NO renal, MDA nos grupos HFF e HF em comparação com o grupo LF. Além disso, os níveis renais de NO e MDA no grupo HFF aumentaram significativamente em comparação com o grupo HF. As figuras (19 e 20) mostram uma diminuição significativa (p ≤ 0,001) nos níveis renais de PON-1 e GSH nos grupos HFF e HF em comparação com o grupo LF. Além disso, os níveis renais de PON-1 e GSH no grupo HFF diminuíram significativamente em comparação com o grupo HF.

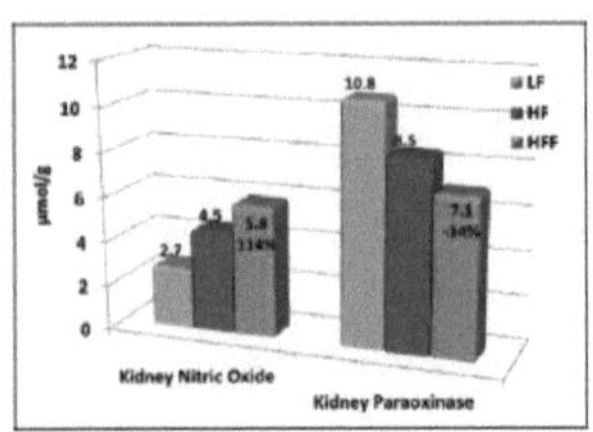

Figure (18): NO, PON-1 with % change after study

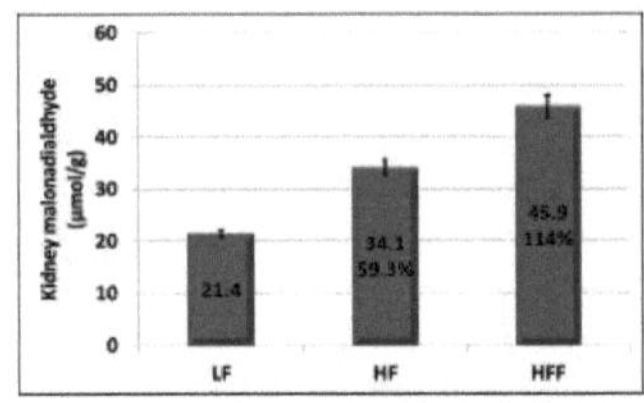

Figure (19): MALON with % change after study

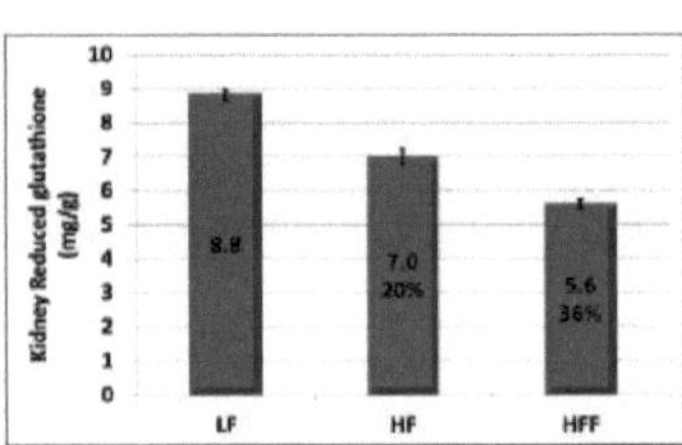

Figura (20): GSH com % de alteração após o estudo

Registaram-se correlações positivas significativas entre a NLPR3 e o peso, a glicose, a insulina, o HOMA-IR, o CT, o TAG, o LDL-C, a ureia, a creatinina sérica, a creatinina urinária, o ácido úrico, a cistatina-C, a microalbumina, o NO e o MDA. Registaram-se correlações negativas significativas entre o NLPR3 e o HDL-C, a TFG, a PON-1 e a GSH em todos os grupos de estudo.

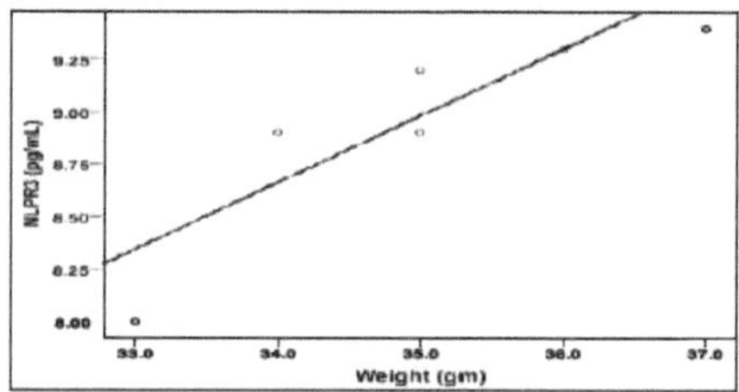

Figura (21): Correlação entre NLPR3 e peso corporal no grupo LF

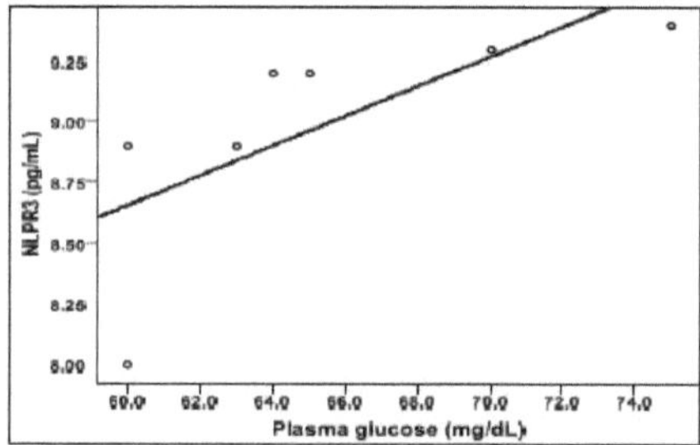

Figura (22): Correlação entre NLPR3 e glicose plasmática no grupo LF

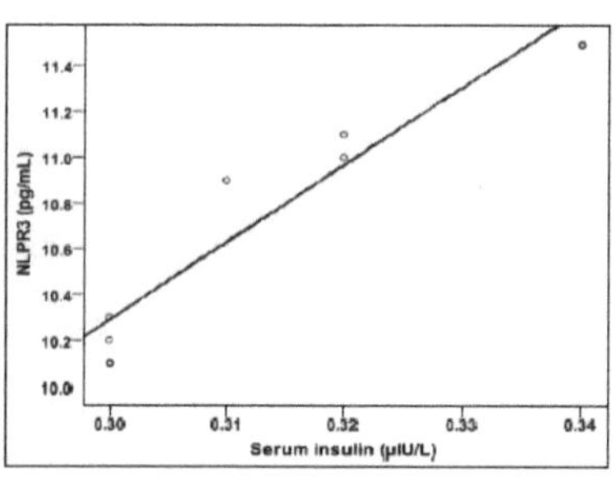

Figure (23): Correlation between NLPR3 and serum insulin in HF group

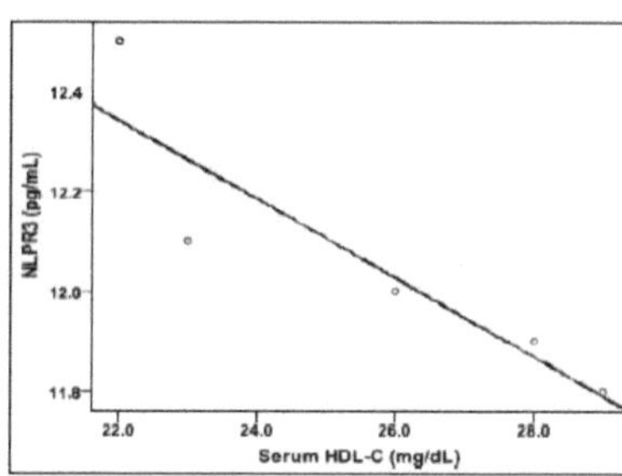

Figure (28): Correlation between NLPR3 and Serum HDL-C in HFF group

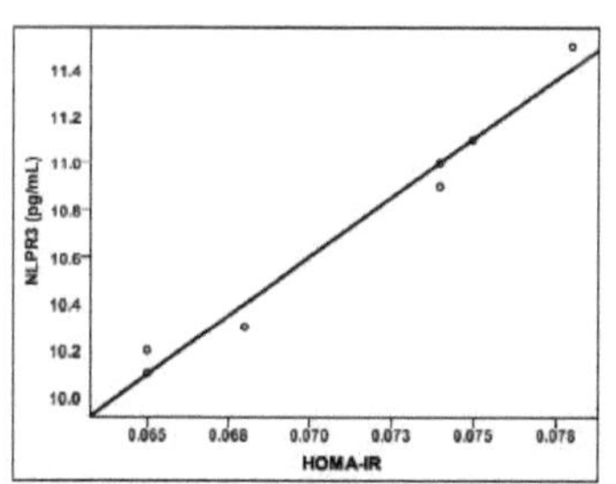

Figure (24): Correlation between NLPR3 and HOMA-IR in HF group

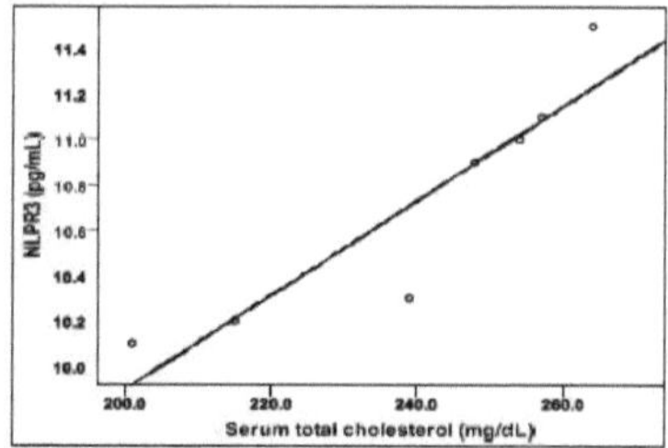

Figure (25): Correlation between NLPR3 and serum TC in HF group

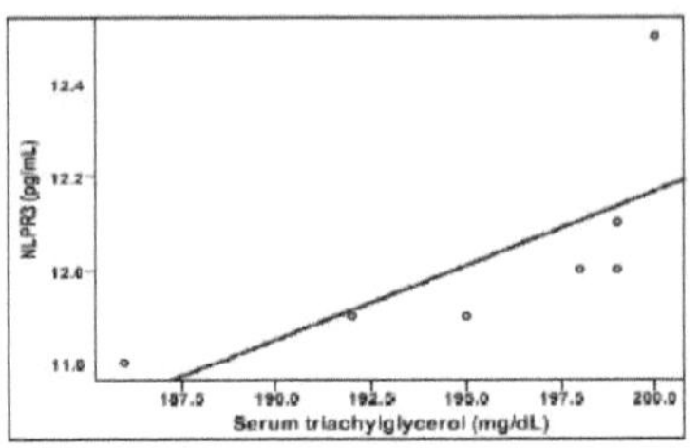
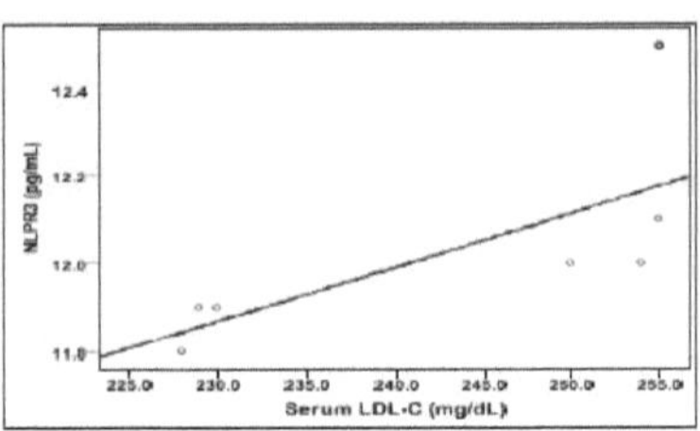

Figure (26): Correlation between NLPR3 and serum TAG in HFF group

Figure (27): Correlation between NLPR3 and serum LDL-C in HFF group

(B)- Resultados histopatológicos

O estudo histológico dos rins normais dos ratinhos revelou glomérulos normais rodeados pela cápsula de Bowman, túbulos contorcidos proximais e distais (Fig. 30). As secções renais dos ratos que receberam HF revelaram danos tubulares e alterações gordurosas. Observa-se hemorragia no interior dos glomérulos (Fig. 31). Os estudos histopatológicos do grupo que recebeu HFF mostraram hemorragia dos glomérulos, necrose tubular, degeneração e alterações gordas dos túbulos (Fig. 32).

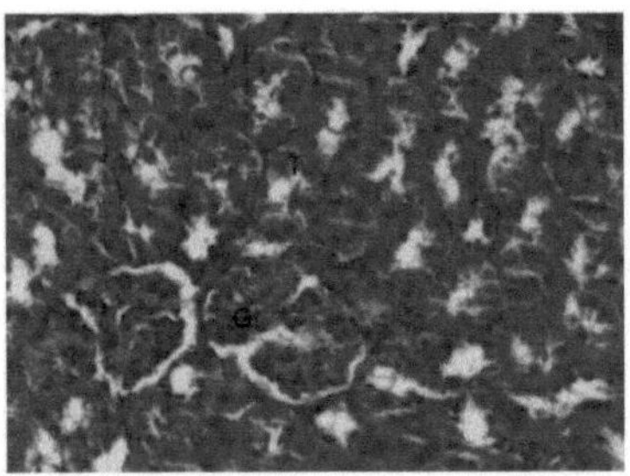

Fig.30: Photomicrograph of section from kidney of control mice

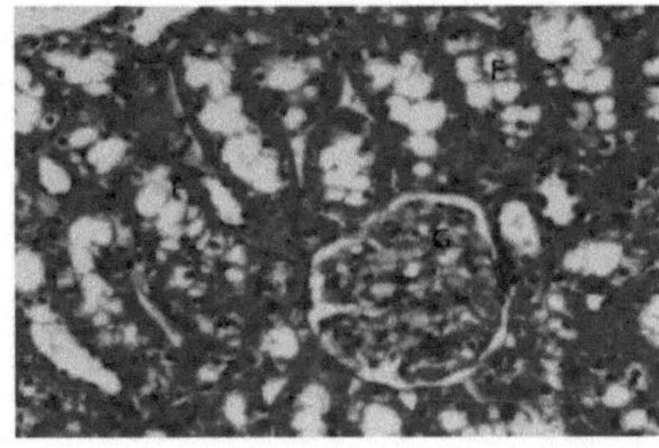

Fig.31: Photomicrograph of section from kidney of mice received HF for showing hemorrhage of glomeruli (G) and fatty changes of tubules (F).(H & E X 400)

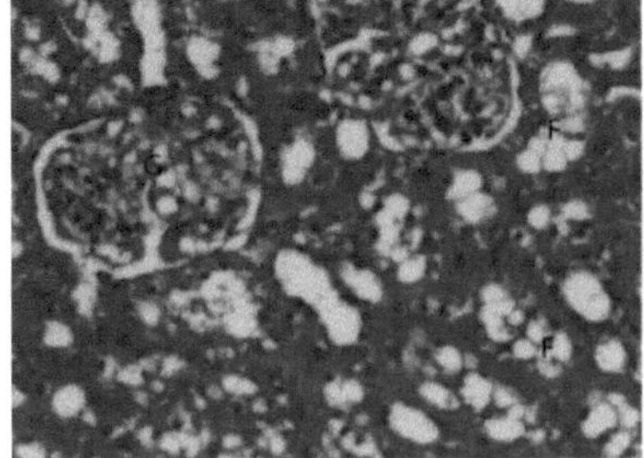

Fig.32: Fotomicrografia de uma secção do rim de ratinhos que receberam FFH para mostrar hemorragia maciça dos glomérulos (G) e alterações gordas dos túbulos (F). **(H & E X 400).**

Capítulo 4. Discussão

Uma sobrecarga crónica de nutrientes provoca várias disfunções metabólicas sistémicas e específicas dos tecidos que aumentam o risco de lesão renal e promovem a DRC. Especialmente, a combinação de quantidades elevadas de gordura saturada, frutose e sal promove dislipidemia, distúrbios hormonais, stress oxidativo, inflamação, fibrose com hipertensão com função glomerular prejudicada *(Odermatt, 2011)*, diabetes mellitus tipo 2 *(Zare et al., 2012)* e também induz várias complicações crónicas, como retinopatia, nefropatia e neuropatia *(Gomez-Pérez et al., 2010)*. No presente estudo, o aumento do peso corporal pode ser atribuído a essa acumulação excessiva de gordura no corpo devido à conversão de glicose em gordura e armazenada na cavidade abdominal *(Boonchaya e Apovian, 2014)*. acumulação de gordura visceral ou obesidade central parece ser um fator mais crítico que liga a obesidade com o aumento do risco de desenvolver síndrome metabólica e diabetes *(Primeau et al., 2011)*. resultados do presente estudo revelaram aumentos significativos na insulina sérica, glicose plasmática e HOMA IR. Estes resultados estão de acordo com *Crescenzo et al., (2013)* que referiram que o consumo de uma dieta de estilo ocidental, caracterizada por níveis elevados de gorduras saturadas e frutose, poderia favorecer o desenvolvimento de doenças metabólicas como a diabetes de tipo 2, em resultado de perturbações na homeostase da glucose. Resultados paralelos foram registados por *Bergmann e Syniewska, (2013)* que verificaram que um aumento significativo dos níveis de insulina poderia ser atribuído à indução de resistência periférica com a obesidade abdominal, devido à secreção de factores inflamatórios e adipocitocinas específicas.O modelo de avaliação da resistência à insulina da homeostase (HOMA IR) provou ser uma ferramenta robusta para a avaliação substituta da resistência à insulina e ponto de corte para definir a resistência à insulina *(Hui et al., 2011)*.A resistência à insulina (RI) é uma condição patológica em que as células não respondem normalmente à insulina. Pode ser periférica (que se refere à diminuição da absorção de glucose pelo músculo esquelético mediada pela insulina) ou hepática (que descreve a supressão da produção hepática de glucose) e é largamente responsável pela hiperglicemia *(El- zayadi et al.,2005)*.O aumento da libertação de ácidos gordos, glicerol, citocinas pró-inflamatórias e outros factores resulta no desenvolvimento de resistência à insulina. Sabe-se que níveis plasmáticos elevados de AGL causam resistência periférica (muscular) à insulina, inibindo a captação de glicose estimulada pela insulina e a síntese de glicogénio. O mecanismo envolve a acumulação intramiocelular de diacilglicerol e a ativação da proteína quinase C; além disso, os AGL também causam resistência à insulina hepática, inibindo a supressão da glicogenólise mediada pela insulina *(Boden, 2003)*. Além disso, os metabolitos circulantes dos ácidos gordos livres (diacilglicerol, acil CoAs gordos) ou cermidas inibem os substratos dos receptores de insulina (IRS-1 e IR-2) através da ativação da serina-etreonina quinase, levando à inibição da cascata de sinalização da insulina *(Zeyda e Stulnig, 2009)*. A hiperglicemia nos grupos HFF e HF pode ser explicada pelo facto de a DMT2 ser caracterizada por um desfasamento entre a sensibilidade à insulina nos tecidos-alvo, como o músculo, o fígado e o tecido adiposo, e a produção de insulina associada a uma supressão deficiente da glicose. A hiperglicemia ocorre quando a secreção de insulina é incapaz de compensar a resistência à insulina *(Kahn, 2003 & Marchetti, 2008)*. Nos órgãos metabólicos, a resistência à insulina refere-se geralmente à capacidade diminuída da insulina para suprimir a produção de glicose *(Farese et al., 2012)*, pelo que o conteúdo de glicogénio hepático pode ser considerado um índice indireto de insuficiência de insulina. Pode ser sugerido que o plasma mais elevado (NEFAs) encontrado nos grupos HFF prejudica a homeostase da glicose, acelerando assim os efeitos observados anteriormente após uma alimentação rica em gordura a longo prazo *(Crescenzo et al., 2008)*. De facto, o aumento da disponibilidade de ácidos gordos encontrado nos grupos HF e HFF implica um maior fluxo lipídico para os tecidos, como o fígado, rim e músculo esquelético *(Carobbio et al.,2011)*. Os aumentos no TAG sérico, TC e LDL-C e as diminuições no HDL-C estão de acordo com *Woodie e Blythe,(2017)* que relataram que o acúmulo de gordura e o ganho de peso são influenciados pelo componente rico em gordura da dieta de estilo ocidental. No entanto, a resistência à insulina, o CT sérico elevado e os TAG séricos elevados são mais afectados por níveis elevados de frutose na dieta. O aumento dos CT e TAG nos grupos HFF e HF pode dever-se ao aumento do metabolismo da glucose em piruvato no fígado. O piruvato entra depois nas mitocôndrias do fígado e é convertido em acetil-CoA, que é a molécula de partida para a lipogénese. A proteína quinase activada por AMP (AMPK) é um sensor intracelular de energia e nutrientes *(Hardie et al., 2012)*. A proteína de ligação ao elemento regulador do esterol (SREBP) é um regulador-chave do metabolismo lipídico intracelular, sendo considerada o substrato da AMPK, em que o ARNm da SREBP-2 e da SREBP-1c hepáticas estão associados à inibição da AMPK na resistência à insulina induzida pela obesidade. A resistência à insulina está correlacionada com um aumento da expressão hepática de SREBP e dos seus genes-alvo, a expressão do ARNm dos genes-alvo de SREBP, incluindo acetil-CoA carboxilase (ACC1), ácido gordo sintase (FAS) e estearoil-CoA dessaturase-1 (SCD1) é estimulada, sugerindo um aumento das taxas de síntese de ácidos gordos, CT e TAG no fígado *(Li et al., 2011)*.

Piia, (2002) verificou que a eficiência da absorção do colesterol era menor e a síntese do colesterol era maior no HFF do que no HF. Sugere-se que este facto seja modulado pela diabetes e pela obesidade. Além disso, a resistência à insulina está associada a um aumento do fluxo de ácidos gordos livres para o fígado e a um aumento da síntese de lípidos no fígado. Os TAG são trocados por ésteres de colesterol através da atividade da proteína de transferência de ésteres de colesterilo. Este processo resulta em HDL-C enriquecido com TAG que são catabolizados mais rapidamente e VLDL enriquecido com ésteres de colesterol que são convertidos em LDL-C pequeno e denso *(Valkenburn et al., 2008)*. *Por* outro lado, a diminuição do colesterol HDL está associada à diminuição da remoção do colesterol extra-hepático. Eventos de distúrbios cardiovasculares também podem envolver elevações do CT sérico *(Vallance e Chan, 2001)*. De acordo com *Oulmouden et al., (2014)* a hiperlipidemia, quer crónica quer aguda, promove o armazenamento de lipoproteínas ricas em TAG e inibe especificamente a atividade da lipase lipoproteica, acumulando o nível de TAG como esteatose hepática. Além disso, *Trauner et al., (2010)* indicam que a acumulação excessiva de TAG no fígado em resposta a um HFF, HF tem sido relatado para induzir distúrbios como fígado gordo e levar a cirrose hepática, esteatose hepática e até mesmo câncer hepatocelular. Este estudo está de acordo com *Veiraiah (2005)*, que sugeriu que a hiperglicemia conduz a um aumento do colesterol LDL ao reduzir a capacidade do organismo para remover o colesterol. Quando a glicose é demasiado elevada, o LDL-C e o recetor do LDL-C no fígado ficam cobertos de glicose, prejudicando a capacidade do fígado de remover o colesterol da corrente sanguínea. Além disso, a hiperglicemia também leva à inibição da lipase lipoproteica. A forma mais comum de modificação do colesterol LDL é a sua forma oxidativa, que pode ocorrer em qualquer uma das células da artéria, incluindo as células endoteliais, os linfócitos T, as células musculares lisas e os macrófagos. As partículas de LDL-C oxidadas podem promover alterações ateroscleróticas por vários mecanismos, disfunção e apoptose das células endoteliais, reduzindo a libertação de óxido nítrico e a vasodilatação dependente do endotélio *(Saikia e Lama, 2011).Tanto* a creatinina sérica como a ureia são amplamente utilizadas para avaliar a função renal. *No* presente estudo, os aumentos significativos da creatinina sérica, da ureia e do ácido úrico nos grupos de ratinhos HF e HFF estão de acordo com *Rayner et al. (1991)*, que referiram que a HF e a HFF provocam uma inflamação induzida por hiperlipidemia que leva ao desenvolvimento de lesões glomerulares. Estes resultados são explicados pelo facto de a hiperinsulinemia e a hiperlipidemia induzirem inflamação no desenvolvimento de lesão glomerular *(Tomiyama-Hanayama et al., 2009),* através do papel de SREBP1, SREBP2, que são moduladores-chave da acumulação de lípidos renais. O mecanismo sugerido é que os lípidos anormais são importantes na modulação da esclerose glomerular quando o excesso de colesterol é adicionado às dietas *(Tonelli et al., 2003)*. *Neste* estudo, verificámos que o valor médio da microalbumina e da creatinina na urina nos grupos de ratinhos HF e HFF está significativamente aumentado em comparação com o grupo LF. Além disso, estes efeitos foram complicados no grupo HFF com uninefrectomia em comparação com o grupo HF, o que está de acordo com *(Rayner et al., 1991)*, que referiram que a HF e a HFF provocam uma inflamação induzida por hiperlipidemia que leva ao desenvolvimento de lesões glomerulares. O aumento da albumina leva a um aumento da angiotensina II (AngII) que, por sua vez, regula positivamente a expressão do recetor do fator de crescimento de transcrição β (TGF-β) *(Wolf et al., 2004)*. As proteínas na urina parecem ser mais potentes na indução de lesão direta das células epiteliais tubulares e na ativação de quimiocinas e citocinas pró-inflamatórias fibróticas. O complemento e várias lipoproteínas também estão presentes na urina, em estados de doença proteinúrica, e podem ativar espécies reactivas de oxigénio (*Perico et al., 2005*). A nefropatia diabética é uma das principais causas de insuficiência renal crónica. Após muitos anos de diabetes, o delicado sistema de filtragem dos rins é gradualmente destruído, tornando-se inicialmente permeável a proteínas sanguíneas maiores, como a albumina, que são depois perdidas na urina *(Pradeep, 2010)*. A hiperglicemia é uma das principais causas de lesão renal progressiva e foi afirmado que, à medida que aumenta o nível de açúcar no sangue, foi detectado um aumento do nível de ureia no sangue, o que indica uma lesão renal progressiva *(Blessing et al.,2011)*. No presente estudo, o nível de TFG diminuiu significativamente nos grupos HF e HFF em ratos em comparação com o grupo LF. Isto está de acordo com *(Casey et al., 2015)* e uma diminuição significativa na TFG no grupo HFF do que no grupo HF; isto está de acordo com (*Stevens et al., 2013*) que relataram que a gordura dietética aumentou o fluxo sanguíneo para o rim através da elevação da pressão glomerular. Estudos em animais e humanos indicaram que a proteína ou a gordura da dieta aumentam o fluxo sanguíneo renal e as taxas de filtração glomerular através do aumento das pressões intra-glomerulares, levando à esclerose glomerular progressiva, particularmente no contexto da diminuição da massa do néfron *(Brenner et al., 1982)*. Estes efeitos podem ser mediados por efeitos dietéticos sobre as moléculas de sinalização do sistema de retroalimentação tubuloglomerular, responsável pela constrição arteriolar *(Thomson et al., 2004)*. *Acredita-se* também que o WSD pode aumentar a óxido nítrico sintase no córtex renal, o que relaxa a arteríola renal aferente *(Cao et al., 2012)*. Neste trabalho, descobrimos que o valor médio da cistatina C sérica nos grupos de ratos HF e HFF foi significativamente aumentado em comparação com o grupo LF. Além disso, este efeito foi complicado no grupo HFF com uninefroctomia em comparação com o grupo HF. *(1991)*, que referiram que a cistatina C aumentou devido ao relaxamento da arteríola renal aferente em resultado da utilização de HF ou HFF. A cistatina C e a β2 microglobulina são proteínas plasmáticas de baixa massa molecular que constituem marcadores alternativos à creatinina para estimar a TFG e prever a progressão da DRC *(Aksun et al., 2004)*. A cistatina C é gerada a uma taxa constante por todas as células nucleadas, livremente filtrada pelos glomérulos, depois reabsorvida e metabolizada pelo túbulo proximal com uma reentrada mínima na corrente sanguínea *(Filler et al., 2002)*. A creatinina sérica reflecte a TFG, mas, como subproduto do metabolismo das proteínas, é influenciada pelas proteínas da dieta, enquanto a cistatina C não parece ser influenciada pelas proteínas da dieta. Por conseguinte, estes marcadores representam uma alternativa atractiva à creatinina para quantificar a TFG em estudos de alimentação que envolvem alterações na proteína da dieta *(Juraschek et al., 2013)*. No presente estudo, verificou-se uma diminuição significativa dos níveis de PON1 e GSH nos grupos de ratinhos HFF e HF em comparação com LF. Além disso, registaram-se aumentos significativos de MDA e NO nos rins dos grupos de ratinhos HFF e HF em comparação com LF. *(2016)*, que indicaram que a geração de radicais livres promove a peroxidação lipídica nos grupos HF e HFF. O mesmo resultado para o MDA foi encontrado por *Singh e Niaz, (1999)* que descobriram que as dietas HF e HFF induziram diabetes e uma geração de radicais livres que causa stress oxidativo e promove a peroxidação lipídica. O NO aumentou devido ao aumento do stress oxidativo e à subsequente ativação do fator de transcrição NF-β, que tem sido associado ao desenvolvimento de complicações diabéticas tardias; o NF-β aumenta a produção de óxido nítrico *(Maritim et al., 2003)*. O aumento da produção de NO pode ser prejudicial para as funções renais, uma vez que a síntese de NO pelas isoformas da óxido nítrico sintase, tanto induzível como constitutiva, contribui para a ativação de vias apoptóticas no rim. O NO em si é um radical livre e pode reagir com muitos outros radicais livres, por exemplo, o radical superóxido, gerando o radical peroxinitrito, capaz de causar alterações oxidativas em macromoléculas *(Abdel-Salam et al., 2011)*. Neste estudo, verificámos que o nível do domínio de ligação de nucleótidos e da proteína 3 repetida rica em leucina (NLRP3) estava significativamente aumentado nos grupos de ratinhos HF e HFF em comparação com LF. Isto está de acordo com *Yan et al., (2015)* que relataram que o NLRP3 estava aumentado como resultado do stress oxidativo causado pelo efeito da dieta. O inflamassoma NLRP3 é um mediador chave da inflamação metabólica e da desordem nos macrófagos do tecido adiposo (ATM). Os ácidos gordos saturados inibem a regulação do armazenamento de energia, diminuindo a atividade da AMP quinase, o que leva à geração de ROS que activam o inflamassoma NLRP3, que produz IL1-1β, o que provoca uma série de distúrbios metabólicos, uma vez que aumenta a resistência à insulina através da fosforilação da serina do substrato-1 do recetor de insulina (IRS-1), o que prejudica a ligação do recetor de insulina ao IRS-1. Também desencadeia uma resistência direta à insulina ao promover a expressão de TNF-α *(Vandanmagsar et al., 2011)*. A disfunção do tecido adiposo no metabolismo lipídico devido ao aumento dos TAG e do colesterol total leva a um aumento dos ácidos gordos livres circulantes, resultando em obesidade. Esta obesidade com inflamação crónica associada inicia um estado de resistência à insulina. A secreção de quimioatraentes como MCP-1, citocinas IL-6, TNF-α e IL-1β está ligada à inflamação, que é um mediador crítico na RI induzida pela obesidade *(Nishio et al.,2012).*Este estudo mostra uma correlação positiva entre colesterol total, triacilglicerol e LDL-C com NLRP3, o que sugere que a ativação do inflamassoma NLRP3 leva à produção de IL-1β, que fez uma série de distúrbios metabólicos. A dislipidemia aumenta os ácidos gordos circulantes, que inibem a regulação da energia através da diminuição da AMP-quinase e, em seguida, aumentam as ERO que activam o NLRP3, levando à secreção de IL-1β e aumentando o stress oxidativo e diminuindo a capacidade antioxidante e a captação de glicose. O exame histopatológico de secções renais de ratinhos revelou glomérulos normais rodeados pela cápsula de Bowman, túbulos contorcidos proximais e distais. As secções renais de ratinhos com insuficiência cardíaca revelaram danos tubulares e alterações gordurosas. Observa-se hemorragia no interior dos glomérulos. O grupo de ratos HFF mostrou hemorragia dos glomérulos, necrose tubular, degeneração e alterações gordurosas dos túbulos *(Decleves et al., 2014).*Em conclusão, a WSD leva ao aumento dos ácidos gordos que inibem a IRS (resistência à insulina). A resistência à insulina estimula a lipogénese e esta aumenta com a frutose.

Referências

Abdel-Salam, O.M.E., Salem N. e Hussein J.S. (2011): Efeito do aspartame no stress oxidativo e nos níveis de neurotransmissores de monoamina em ratos tratados com lipopolissacarídeos. Neurotox Res. 21(3):245-255.

Aksun S.A., Ozmen D., Ozmen B., Parildar Z., Mustaf I., Turgan N., Kumanliogluc, K. e Bayndir, O. (2004): Beta2-Microglobulin and Cystatin C in Type 2 Diabetes: Avaliação da Nefropatia Diabética. *Experimental Clinical Endocrinology Diabetes,* **112**(4): 195-200

Associação Americana de Diabetes. (2014): Diagnóstico e classificação da diabetes mellitus Diabetes Care.37.

Associação Americana de Diabetes. (2015): Padrões de Cuidados Médicos em Diabetes.Diabetes Care. 38.

Associação Americana de Diabetes. (2017): Padrões de Cuidados Médicos em Diabetes Diabetes Care. 40.

Ames B.N., Cathcart R., Schwiers E., Hochstein P. (1981): Uric acid oxidant- and radical- caused aging and cancer: a hypothesis. Proc Natl Acad Sci USA 78: 6858-6862.

Anders H.J., Muruve D.A. (2011): Os inflamassomas na doença renal. J Am Soc Nephrol.22:1007-1018.

Appel L.J., Sacks F.M., Carey V.J., Obarzanek E., Swain J.F., Miller E.R. (2005): Effects of protein, monounsaturated fat, and carbohydrate intake on blood pressure and serum lipids: results of the OmniHeart randomized trial. JAMA. (294):2455-2464.

Bantle J.P. (2006): Será a frutose o melhor adoçante de baixo índice glicémico? Nestle Nutr Workshop Ser Clin Perform Programme 11: 83-91.

Beautler E., Duron O., Kelly B. M. (1963): Improved method for determination of glutathione J ,Lab clin med ; 61:88-888.

Bergmann K. e Sypniewska G. (2013): Diabetes como uma complicação da disfunção do tecido adiposo. Existe um papel para potenciais novos biomarcadores? Clin. Chem. Lab. Med. jan ; 51(1) : 177-85.

Blessing O.L., Oloruntoba F. e Olarewaju M.O. (2011): Níveis plasmáticos de glicose, creatinina e ureia em pacientes diabéticos tipo 2 atendidos num hospital universitário nigeriano. Revista de investigação de ciências médicas, 5(1): 1-3.

Boden G. (2003): Effect of free fatty acids on glucose metabolism significance for insulin resistance and type 2 diabetes. Exp. Clin. Endocrinol diabetes. 111(3): 121-4.

Boonchaya A.P. e Apovian C.M. (2014); A obesidade metabolicamente saudável existe? 16 (10): 1-9.

Brenner B.M., Meyer T.W., Hostetter T.H. (1982): Dietary protein intake and the progressive nature of kidney disease: the role of hemodynamically mediated glomerular injury in the pathogenesis of progressive glomerular sclerosis in aging, renal ablation, and intrinsic renal disease. N Engl J Med 307:652-659

Brown C.M., Dulloo A.G., Montani J.P.(2008): Sugary drinks in the pathogenesis of obesity and cardiovascular diseases. Int J Obes (Lond) 32, Suppl 6: S28 - S34.

Cao H., Graves D.J. e R.A. Anderson (2012): O extrato de canela regula o transportador de glicose e a expressão do gene de sinalização da insulina em adipócitos de camundongo. Phytomed., 17: 10271032.

Caraway W.T., Watts N.B., Carbohydrates In: Tietz NW, ed (1987): Fundamentals of Clinical Chemistry. 3ry ed. Philadephia WB saunde-rs: 422- 447.

Carobbio S., Rodriguez-Cuenca S. & Vidal-Puig (2011): Origens das complicações metabólicas na obesidade: acumulação ectópica de gordura. A importância do aspeto qualitativo da lipotoxicidade.Curr Opin Clin Nutr Metab Care 14: 520- 526.

Casey M. R., Morgan E. G., Elizabeth S., e Josef C. (2015): Mudança em novos marcadores de filtração e risco de ESRD. Am J Kidney Dis.; 66(1): 47-50

Chen J., Muntner P., Hamm L.L., Jones D.W., Batuman V., Fonseca V., Whelton P.K., He J (2004): The metabolic syndrome and chronic kidney disease in U S adults. Ann Intern Med 140: 167-174

Christopher R., WILSON, Mai K., TRAN, Katrina L., SALAZAR, Martin E., YOUNG. E Heinrich (2007): A dieta ocidental TAEGTMEYER, mas não a dieta rica em gordura, provoca perturbações no metabolismo dos ácidos gordos e disfunção contrátil no coração de ratos Wistar Biochem. J. 406: 457-467.

Cnop M., Foufelle F., Velloso L.A. (2012): Stress do retículo endoplasmático, obesidade e diabetes. Trends Mol Med 18:59-68.

Cohen J.C., Horton J.D., Hobbs H.H. (2011): H uman fatty liver disease: old questions and new insights. Science 332: 1519-1523.

Collino M., Benetti E., Rogazzo M., Mastrocola R., Yaqoob M.M., Aragno M., et al. (2013): A reversão dos efeitos deletérios da ingestão crônica de HFCS-55 na dieta pelo agonismo PPAR-delta está correlacionada com a ativação prejudicada do inflamassoma NLRP3. Biochem Pharmacol. 85:257-264

Covas M.I. (2007): O azeite de oliva e o sistema cardiovascular. Pharmacol Res 55: 175- 186.

Crescenzo R., Bianco F., Falcone I., Coppola P., Liverini G., Iossa S., (2013): Aumento da lipogénese hepática de novo e da eficiência mitocondrial num modelo de obesidade induzida por dietas ricas em frutose. Eur J Nutr 52: 537-545.

Crescenzo R., Bianco F., Falcone I., Prisco M., Liverini G. &Iossa . (2008): Alterações no compartimento mitocondrial hepático num modelo de obesidade e resistência à insulina. Obesidade **16:** 958-96.

Das A., Durrant D., Koka S., Salloum F.N., XiL, e Kukreja R.C.(2014):A inibição do alvo mamífero da rapamicina (mTOR) com rapamicina melhora a função cardíaca em ratinhos diabéticos de tipo 2: papel potencial do stress oxidativo atenuado e da expressão alterada de proteínas contrácteis,The Journal of Biological Chemistry, vol. 289, (7): 4145-4160.

Decleves A.E., Zolkipli Z., Satriano J., Wang L., Nakayama T., Rogac M., Le T.P., Nortier J.L., Farquhar M.G., Naviaux R.K., Sharma K., (2014): Regulação do acúmulo de lipídios pela quinase ativada por AMK na lesão renal induzida por dieta rica em gordura, Kidney Int.85: 611-623.

Duh, P. D., Yen, G. C., Yen, W. J., Wang, B. S. e Chang, L.W. (2004): Efeitos do chá pu-erh nos danos oxidativos e na eliminação de óxido nítrico. Journal of Agricultural and Food Chemistry 52:8169-8176.

DURACKOVÁ Z. (2010): Some Current Insights into Oxidative Stress Physiol. Res. 59: 459-469.

El-Zayadi A.R., Badran H.M., Barakat E.M., Attia Mel D, Shawky S. e Mohamed M.K. (2005): Hepatocellular carcinoma in Egypt: a single center study over a decade. World J. gastroenterol .; 11(33): 5193-5198.

Farese R.V., Zechner R., Newgard C.B., Walther T.C. (2012): O problema de estabelecer relações entre esteatose hepática e resistência à insulina hepática. Cell Metab., 15: 570- 573.

Filler G., Bokenkamp A., Hofmann W., Le Bricon T., Martínez-Brú C., Grubb A. (2002): Cystatin C as a marker of GFR - history, indications, and future research. Clin Bio-chem 38 (1): 1-8.

Flamment M., Hajduch E., Ferré P., Foufelle F. (2012): Novos insights sobre a resistência à insulina induzida por estresse ER. Trends Endocrinol Metab 23: 381-390.

Forstermann U. (2010): Nitric oxide and oxidative stress in vascular disease. Pflugers Arch maio, 459(6):923-939

Fried L.F., Orchard T.J., Kasiske B.L. (2001): Effect of lipid reduction on the progression of renal disease: a meta-analysis. Kidney Int. 59:260-26

Gao X., Qi L., Qiao N., Choi H.K., Curhan G., Tucker K.L., Ascherio A. (2007): Intake of added sugar and sugar-sweetened drink and serum uric acid concentration in US men and women. Hypertension 50: 306 -312,.

Gauer S., Sichler O., Obermuller N., Holzmann Y., Kiss E., et al. (2007): IL-18 é expressa na célula intercalada do rim humano. Kidney Int 72: 1081-1087.

Genest J., (2002) :Genetics and prevention: a new look at high density lipoprotein cholesterol. Cardiol. In Rev. 10(1):61-71.

Gersch M.S., Mu W., Cirillo P., et al. (2007): A frutose, mas não a dextrose, acelera a progressão da doença renal crónica. Am J Physiol Renal Physiol; 293:F1256-F1261.

Ghys L. F., Paepe D, Lefebvre H. P., Reynolds B. S., Meyer E., Delanghe J. R., e Daminet S. (2016): Avaliação da cistatina C para a deteção de doença renal crónica em gatos J Vet Intern Med. 30(4):1074-1082

Glantzounis G. K., Tsimoyiannis E. C., Kappas A. M., Galaris D. A. (2005): Uric acid and oxidative stress.Curr. Pharm. Des. 11:4145-4151.

Gomez-Perez F.J., Aguilar-Salinas C.A., Almeda-Valdes P., Cuevas-Ramos D., Lerman Garber I., Rull J.A.(2010): HbA1c para o diagnóstico de diabetes mellitus num país em desenvolvimento. Arch Med Res 4:302

Gonzalez-Calero L., Martin-Lorenzo M., Alvarez-Llamas G. (2014): Exossomas: um potencial alvo chave na síndrome cardio-renal. Front. Immunol.5: 465.

Hao J., Ii F., Liu W., Qingjuanliu, Shuxialiu, Hongboli, e Huijunduan (2014): Fosforilação de PRAS40-Thr246 envolvida no acúmulo renal de lipídios do diabetes. Journal of Cellular Physiology, vol. 229(8):1069-1077.

Hardie D.G., Ross F.A., Hawley S.A. (2012): AMPK: um sensor de nutrientes e energia que mantém a homeostase energética. Nat Rev Mol Cell Biol13(4):251-262.

Harding H. P., e Ron D. (2002): Endoplasmic reticulum stress and the development of diabetes: areview," Diabetes,vol. 51(3):455-461.

Harish G., Venkateshappa C., Mahadevan A., Pruthi N., Srinivas Bharath M. M., e Shankar S. K. (2015): Efeito de factores premortem e postmortem na distribuição e preservação de actividades antioxidantes no citosol e sinaptossomas de cérebros humanos. Biopreserve Biobank 10, 253-265.

Heidemann C., Schulze M.B., Franco O.H., van Dam R.M., Mantzoros C.S., Hu F.B., (2008): Dietary patterns and risk of mortality from cardiovascular disease, cancer, and all causes in a prospective cohort of women. Circulation 118: 230 -237.

Hostetter T.H., Meyer T.W., (2004): The development of clearance methods for measurement of glomerular filtration and tubular reabsorption. Am J Physiol Renal Physiol 287 :F868- F870.

Hui Q.Q., Quan L., Anne R.R., Susan P. F. H. e Joseph B. M. (2011): a definição de resistência à insulina usando HOMA-IR para americanos de ascendência mexicana usando aprendizado de máquina. PLOS One, 6 (6): e21041

Iynedjian P.B. (1993): Glucoquinase de mamíferos e seu gene. BMJ 293: 1-13.

Jin C., e Flavell R.A. (2010): The missing link: how the inflammasome senses oxidative stress. Immunol Cell Biol. doi:10.1038/icb..56

Johnson M.A. (1986): Interação dos hidratos de carbono da dieta, ácido ascórbico e cobre com o desenvolvimento da deficiência de cobre em ratos. J. Nutr 116: 802- 815.

Johnson R.J., Kang D.H., Feig D., Kivlighn S., Kanellis J., Watanabe S., Tuttle K.R., Rodriguez- Iturbe B., Herrera-Acosta J., Mazzali M. (2003): Is there a pathogenetic role for uric acid in hypertension and cardiovascular and renal disease? Hypertension 41: 1183-1190.

Juraschek S. P., Appel L. J., Anderson C. A., e Miller E. R. (2013): Efeito de uma dieta rica em proteínas na função renal em adultos saudáveis: resultados do estudo OmniHeart. Am. J. Kidney Dis. 61(3): 547-554.

Jurgens H., Haass W., Castaneda T.R., Schurmann A., Koebnick C., Dombrowski F., Otto B., Nawrocki A.R., Scherer P.E., Spranger J., Ristow M., Joost H.G., Havel P.J., Tschop M.H. (2005): O consumo de bebidas açucaradas com frutos aumenta a adiposidade corporal em ratos. Obes Res 13: 1146-1156.

Kahn S.E. (2003): The relative contributions of insulin resistance and beta- cell dysfunction to the pathophysiology of type 2 diabetes. Diabetologia ., 46: 3-19.

Kambham N., Markowitz G.S., Valeri A.M., et al. (2001): Obesity-related glomerulopathy: an emerging epidemic. Kidney Int. 59:1498-1509.

Kaynar H., Meral M., Turhan H., Keles M., Celik G. e Akcay F. (2005): Glutationa peroxidase, glutationa-S-transferase, catalase, xantina oxidase, actividades de Cu-Zn superóxido dismutase, glutationa total, óxido nítrico e níveis de malondialdeído em eritrócitos de pacientes com cancro do pulmão de células pequenas e não pequenas. Cancer Letters. 227: 133-139.

Kelly,KJ,WWWilliams,RBColvin,etal.(2004). Os ratinhos deficientes em molécula-1 de adesão intercelular estão protegidos contra a isquemia renal. J Clin. Invest. 97:1056-1063.

Kim K.A., Shin Y.J., Akram M., Kim E.S., Choi K.W., Suh H., Lee C.H., Bae O.N. (2014): Condição de glicose elevada induz autofagia em células progenitoras endoteliais contribuindo para o comprometimento angiogénico. Boletim Biológico e Farmacêutico, vol. 37(7): 1248-1252.

Kurien B.T., Everds N.E., Scofield R.H. (2004) Recolha de urina em animais de laboratório: uma revisão. Laboratory Animals 38, 333-361.

Kurella M., Lo J.C., Chertow G.M. (2005): Metabolic syndrome and the risk for chronic kidney disease among nondiabetic adults. J Am Soc Nephrol 16: 2134 -2140.

Kwon S.H., Hong S.I., Ma S.X., Lee S.Y., Jan C.G., (2015): 3',4',7- trihidroxiflavona previne a morte celular apoptótica em células neuronais do estresse oxidativo induzido por peróxido de hidrogênio, Food and Chemical Toxicology, vol. 80: 41-51.

Lakka H.M., Laaksonen D.E., Lakka T.A., et al. (2002): The metabolic syndrome and total and cardiovascular disease mortality in middle-aged men. JAMA 288: 2709-2716.

Leemans J.C., Cassel S.L., Sutterwala F.S (2011): Sensing damage by the NLRP3 inflammasome. Immunol Rev; 243: 152-162.

Li L., Astor B.C., Lewis J., Hu B., Appel L.J., Lipkowitz M.S., Toto R.D., Wang X., Wright J.T. J.r., Greene T.H. (2011): Trajetória de progressão longitudinal da TFG entre pacientes com DRC. Am J Kidney Dis 59: 504-512.

Lorenzo C., Okoloise M., Williams K., et al.(2003): A síndrome metabólica como preditor de diabetes tipo 2: o estudo do coração de San Antonio. Diabetes Care; 26: 3153-3159.

Lozano-Baena M.D., Tasset I., Muñoz-Serrano A., Alonso-Moraga Á., de Haro- Bailón A. (2016): Prevenção do cancro e benefícios para a saúde das plantas de Borago officinalis tradicionalmente consumidas. Nutrientes; 8:48. doi: 10.3390/nu8010048.

Madway W., Prier L.E. e Wilkinson J.S. (1969): A textbook of veterinary clinical pathology. The Willims and wilkingco.Battimore.

Maiese K. (2015): Novas aplicações de factores tróficos, Wnt e WISP para a reparação e regeneração neuronal na doença metabólica. Pesquisa em Regeneração Neural, vol. 10(4): 518-528.

Mandelbrot D.A., Pavlakis M. (2012): Práticas de doadores vivos nos Estados Unidos, Adv. Chronic Kidney Dis. 19 : 212-219.

Manna F., Ahmed H.H., Estefan S.F., Sharaf H.A., e Eskander E.F. (2005): Intervenção de Saccharomyces cerevisiae para aliviar a hepatotoxicidade induzida por flutamida em ratos machos. Pharmazie, 60: 689-695.

Maritim A.C., Sanders R.A., Watkins J.B., (2003): Diabetes, stress oxidativo e antioxidantes: uma revisão, Journal of Biochemical and Molecular Toxicology;17: 24-38.

Mayes P.A. (1993): Intermediary metabolism of fructose. Am J Clin Nutr 58, Suppl: 754S- 765S.

Menu P., Mayor A., Zhou R., Tardivel A., Ichijo H., Mori K., e Tschopp J., (2012): O estresse ER ativa o inflamassoma NLRP3 através de uma via independente de UPR Citation: Cell Death and Disease (3) 261.

Mongensen C.E. (1984): Microalbumuria prediz proteinúria clínica e mortalidade precoce no início da diabetes. New England Journal of Medicine, 310:356-360.

Montgomery H.A., Dymock J.F. (1961): The determination of nitrite inwater. Analyst 86, 414-416.

Nakagawa T., Hu H., Zharikov S., Tuttle K.R., Short R.A., Glushakova O., Ouyang X., Feig D.I., Block E.R., Herrera-Acosta J., Patel J.M., JohnsonR.J. (2006): A causal role for uric acid in fructose-induced metabolic syndrome. Am J Physiol Renal Physiol 290: F625-F631.

Nishio M., Yoneshiro T., Nakahara M., Suzuki S., Saeki K. K., Hasegawa M., et al. (2012): Produção de adipócitos castanhos clássicos funcionais a partir de células estaminais pluripotentes humanas utilizando um cocktail específico de hemopoietina sem transferência de genes. Cell Metab. 16, 394-40

Odermatt A .(2011): A dieta de estilo ocidental: um importante fator de risco para a função renal prejudicada e a doença renal crónica. Am J Physiol Renal Physiol; 301: F919- F931.

Oleg. Varlamov, (2016): Dieta de estilo ocidental, esteroidandmetabolismo sexual, Biochim. Biophys.Ata http://dx.doi.org/10.1016 http://dx.doi.org/10.1016.

Perez-Pozo S.E., Schold J., Nakagawa T., Sanchez-Lozada L.G., John-son R.J., Lillo J.L. (2010): A ingestão excessiva de frutose induz as características da síndrome metabólica em homens adultos saudáveis: papel do ácido úrico na resposta hipertensiva. Int J Obes (Lond) 34: 454 -461.

Perico N., Benigni A., Remuzzi G. (2005): Present and future drug treatments for chronic kidney diseases: evolving targets in renoprotection. Nat Rev Drug Discov.;(7):936-953.

Pradeep K.D. (2010): Função renal na nefropatia diabética. World. J. diabetes ., 1(2): 48-56.

Prentice A., (2004): Dieta, nutrição e prevenção da osteoporose. Public Health Nutr 7: 227-243.

Rautela G.S., e Liedtke R.J. (1978): Medição enzimática automatizada do colesterol total no soro, Clin Chem .108-114.

Rayner H.C., Ward L., Walls J.(1991): A alimentação com colesterol após nefrectomia unilateral no rato leva à hipertrofia glomerular. Nephron 57: 453-459.

Reddy Thavanati P.K., Kodanda Reddy Kanala K.R., de Dios A.E. e Cantu Garza J.M. (2008): Correlação relacionada com a idade entre enzimas antioxidantes e danos no ADN com o tabagismo e o índice de massa corporal, J. Gerontol. A Biol. Sci. Med. Sci. 63, 360-364.

Reese P.P., Simon M.K., Stewart J., Bloom R.D. (2010): Acompanhamento médico de dadores vivos de rim até 1 ano após a nefrectomia. Transplant Proc 41: 3545- 3550.

Reeves P.G. (1997): Componentes das dietas AIN-93 como melhorias na dieta AIN- 76A.J Nutr. 27(5 Suppl):838S-841S.

Reiser S., (1985): Effect of dietary sugars on metabolic risk factors associated with heart disease. Nutr. Health 3: 203-216.

Rifai N., Russell Warnick G. e Dominiczak M., H. (1997): Handbook of lipoprotein Testing. AACC press. Washington, DC, P. 115.

Rowinski W., Czerwinski J., Kosieradzki M.(2010): A que preço os rins de dadores complexos enquanto os doentes morrem na lista de espera: uma palavra de cautela. Transplant Proc 42: 3929-3930, 2010

Ruiz-Larea M., Leal A., M., Liza M., Lacort e degroot H.(1994): Antioxidant effect of estradiol and 2-hydroxyestradiol on iron induced lipid peroxidation of rat liver microsomes. steroid:59:383-388

Saikia, H. e Lama A. (2011): Efeito das folhas de Bougainvillea spectabilis nos lípidos séricos em ratos albinos alimentados com dieta rica em gordura. Int. J. Pharm. Sci. Drug Res. 3, 141-

Shoham D.A., Durazo-Arvizu R., Kramer H., Luke A., Vupputuri S., Kshirsagar A., Cooper R.S. (2008): Sugary soda consumption and albuminuria: results from the National Health and Nutrition Examination Survey, 1999 -2004

Singh R.B., Niaz M.A. (1999): Effect of hydrosoluble coenzyme Q10 on blood pressures and insulin resistance in hypertensive patients with coronary artery disease. *J. Hum. Hypertens,* **13:** 203-208.

Sofi F., Cesari F., Abbate R., Gensini G.F., Casini A. (2008): Adesão à dieta mediterrânica e estado de saúde: meta-análise (Resumo). *BMJ* 337: a1344.

Stanhope K.L., Schwarz J.M., Keim N.L., Griffen S.C., Bremer A.A., Graham J.L., Hatcher B., Cox C.L., Dyachenko A., Zhang W., McGahan J.P., Seibert A., Krauss R.M., Chiu S., Schaefer E.J., Ai M., Otokozawa S., Nakajima K., Nakano T., Beysen C., Hellerstein M.K., Berglund L., HavelP.J. (2009): Consumir bebidas adoçadas com frutose, e não com glucose, aumenta a adiposidade visceral e os lípidos e diminui a sensibilidade à insulina em humanos com excesso de peso/obesos. J Clin Invest 119:1322-1334.

Steinberg D. (1981): Metabolism of lipoproteins at the cellular level in relation to atherogenesis .In lipoproteins, Atherosclerosis and coronary heart disease .Elsevier -NorthHolland . 1,2 31-48.

Stevens V.A., Saad S., Poronnik P., Fenton-Lee C.A., Polhill T.S., Pollock C.A.(2013): O papel da SGK-1 na reabsorção de sódio mediada pela angiotensina II em células tubulares proximais humanas. Nephrol Dial Transplant 23: 1834-1843.

Stienstra R, van Diepen J.A., Tack C.J., et al (2011): Inflammasome é um jogador central na indução da obesidade e resistência à insulina. Proc Natl Acad Sci USA 2011; 108: 15324-15329.

Stienstra R., Joosten LaB, Koenen T., et al. (2010): A ativação da caspase-1 mediada pelo inflamassoma controla a diferenciação dos adipócitos e a sensibilidade à insulina. Cell Metab; 12: 593-605.

Sudha A. (2016): Estudo da resistência à insulina e perfil lipídico na síndrome policística overiana. Revista internacional de aplicações científicas e de pesquisa. Volume 6, Edição 2, ISSN 2250 3153..

Tanaka S, Avigad G, Brodsky B, Eikenberry EF. (1988): Glycation induz a expansão do empacotamento molecular do colagénio. *J Mol Biol.;203* :495-505.

Taylor E.N., Curhan G.C. (2008): Fructose consumption and the risk of kidney stones. Kidney Int 73:207-212.

Thomson S.C., Deng A., Bao D., Satriano J., Blantz R.C., Vallon V.(2004): Ornitina descarboxilase, tamanho do rim e a hipótese tubular de hiperfiltração glomerular em diabetes experimental. J ClinInvest 107: 217- 224.

Tomiyama-Hanayama M., Rakugi H., Kohara M., Mima T., Adachi Y., Ohishi M., Katsuya T., Hoshida Y., Aozasa K., Ogihara T., Nishimoto N. 2009: Effect of interleukin-6 recetor blockage on renal injury in apolipo-protein E- deficient mice. Am J Physiol Renal Physiol 297: F679 -F684.

Tonelli M., Moye L., Sacks F.M., Cole T., Curhan G.C. (2003): Cholesterol and Recurrent Events Trial Investigators Effect of pravastatin on loss of renal function in people with moderate chronic renal insufficiency and cardiovascular disease. J Am Soc Nephrol 14:16051613

Trauner M., Claudel T., Fickert P., Moustafa T., Wagner M. (2010): Ácidos biliares como reguladores do metabolismo hepático dos lípidos e da glicose. Dig. Dis. 28: 220-224.

Uchida K., Gotoh A. (2002): Measurement of cystatin-C and creatinine in urine (Medição de cistatina-C e creatinina na urina). Clin Chim Ata;323: 121-128.

Uusitupa M.I. (1994): Fructose in the diabetic diet. Am J Clin Nutr 59: 753S- 757S.

Valkenburn O., Regine P.M., Theuissens H.P., Smedts M. e Gessje M. (2008): Um perfil de lipoproteínas séricas mais aterogénico está presente em mulheres com Pcos. J.clinical. endocrinal .meta., vol 93:470-476.

Vallance, P. e Chan N. (2001): Endothelial function and nitric oxide clinical relevance 85 :(3) 342- 350.

Vandanmagsar B., Youm Y-H.H., Ravussin A., et al. (2011): O inflamassoma NLRP3 instiga a inflamação induzida pela obesidade e a resistência à insulina. Nat Med; 17: 179-188.

Veiraiah A.(2005). Hyperglycemia, lipoprotein glycation,and vascular disease. Angiol.56: 431-438.

Vilaysane A., *et al.* (2010): O inflamassoma NLRP3 promove a inflamação renal e contribui para a DRC. J Am Soc Nephrol 21, 1732-1744.

Wade A.T., Davis C.R., Dyer K.A., Hodgson J.M., Woodman R.J., Keage H.A., Murphy K.J. (2017): Uma dieta mediterrânica para melhorar a saúde cardiovascular e cognitiva: Protocolo para um estudo de intervenção controlado aleatório Nutrientes. Feb 16;9(2).

Wahba I.M., Mak R.H., (2007): Obesidade e síndrome metabólica iniciada pela obesidade: ligações mecanicistas à doença renal crónica. Clin J Am Soc Nephrol; 2: 550- 562.

Wallace T., M., Levy J., C. e Mattews D., R. (2004): Uso e abuso da modelação HOMA. Diabetes Care: 27:1487-1495.

Wang X.X., Jiang T., Shen Y., Adorini L., Pruzanski M., Gonzalez F.J., Scherzer P., Lewis L., Miyazaki-Anzai S., Levi M. (2008): O recetor X farnesóide modula o metabolismo lipídico renal e a inflamação renal, fibrose e proteinúria induzidas pela dieta. Am J Physiol Renal Physiol 297:F1587-F1596.

Wolf G., Schroeder R., Ziyadeh F.N., Stahl R.A. (2004): Albumin up-regulates the type II transforming growth fator-beta recetor in cultured proximal tubular cells. Kidney Int 66:1849-1858

Woodie L., Blythe S.(2017): Os efeitos diferenciais de dietas com alto teor de gordura e alto teor de frutose na fisiologia e no comportamento de ratos machos. Nutr Neurosci. Feb 14:1-9. doi: 10.1080/1028415X.2017.1287834.

Xin Y.J., Yuan B., Yu B., Wang Y.Q., Wu J.J., Zhou W.H. e Qiu Z.(2015): A desmetilação do DNA mediada por Tet1 regula a morte celular neuronal induzida pelo estresse oxidativo. Scientific Reports, vol. 5, artigo 7645.

Yan Y. et al. (2015): A dopamina controla a inflamação sistémica através da inibição do inflamassoma NLRP3. Célula 160, 62-73.

Yao Q, Shin M.K., Jun J.C., Hernandez K.L., Aggarwal N.R., (2013): Mock JR, et al. Effect of chronic intermittent hypoxia on triglyceride uptake in different tissues. J Lipid Res. 54:1058-1065. doi: 10.1194/jlr.M034272.

Yellow F., e Bawman W.A .(1983): plasma insulin in health and disease. diabetes mellitus ;119-150

YoungD ., S. (2005): Effect of drugsson clinical laboratory tests.5th Ed.AACCpress,WashingtonD.C.

Young D., S. (2007): Effect of preanalytical variables on Clinical Laboratory Tests, 3rd . WashingtonD.C

Yousef J.M., Mohamed A.M.(2015): Papel profilático das vitaminas B contra a toxicidade induzida por nano-partículas de óxido de zinco e a granel, danos oxidativos no DNA e apoptose em fígados de ratos. Pakistan Journal of Pharmaceutical Sciences, vol. 28, no. 1, pp.175-184.

Yu-Poth S., Zhao G., Etherton T., Naglak M., Jonnalagadda S., Kris-Etherton P.M. (1999): Effects of thgy

/Zare M., Saadatnia M., Mousavi S.A., Keyhanian K., Davoudi V., Khanmohammadi E. (2012): O efeito da terapia com estatinas no resultado do AVC: Um ensaio clínico duplamente cego. Int J Prev Med;3:68-72.

Zeyda M. e Stulnig T.M. (2009): Obesidade, inflamação e resistência à insulina. Gerontologia; 55(44) :379-86.

Zhang D., Yan B., Yu S., Zhang C., Wang B., Wang Y., Wang J., Yuan Z., Zhang

L. e Pan J. (2015): A coenzima Q10 inibe o envelhecimento das células estaminais mesenquimais induzidas por D-galactose através da sinalização Akt/mTOR. Medicina Oxidativa e Longevidade Celular, vol. Artigo ID 867293, 10pages.

Zhang Y., Wang L., Dey S., Alnaeeli M., Suresh S., Rogers H., Teng R. e NoguchiC.T. (2014): Erythropoietin Action in Stress Response,Tissue Maintenance and Metabolism", "International Journal of Molecular Sciences, vol. 15, no. 6, pp. 10296-10333.

Zhou Q., Liu C., Liu W., Zhang H., Zhang R , Liu J., Zhang J., Xu C., Liu L., Huang S., Chen L.(2014): A indução de peróxido de hidrogénio por rotenona inibe as vias S6K e 4E- BP1/eIF4E mediadas por mTOR, levando à apoptose neuronal, Toxicological Sciences, vol. 143, no. 1, pp. 81-96.

Zhou R., Tardivel A., Thorens B., et al. (2010): Thioredoxin-interacting protein links oxidative stress to inflammasome activation. Nat Immunol; 11:136-140.

Zhou R., Yazdi A.S., Menu P., Tschopp J. (2011): Um papel para as mitocôndrias na ativação do inflamassoma NLRP3. Natureza; 469: 221-225.

yes
I want morebooks!

Buy your books fast and straightforward online - at one of world's fastest growing online book stores! Environmentally sound due to Print-on-Demand technologies.

Buy your books online at
www.morebooks.shop

Compre os seus livros mais rápido e diretamente na internet, em uma das livrarias on-line com o maior crescimento no mundo! Produção que protege o meio ambiente através das tecnologias de impressão sob demanda.

Compre os seus livros on-line em
www.morebooks.shop

Printed by Books on Demand GmbH, Norderstedt / Germany